职业教育融媒体教材

C语言程序设计基础

姜全生 王 燕 王丹丹 主 编
万纲尊 庄娜娜 蔺丽芳 副主编

清华大学出版社
北京

内 容 简 介

本书紧密结合职业教育的特点,借鉴近年来职业教育课程改革和教材建设的成功经验,在教学内容编排上采用了项目引领和任务驱动的设计方式,符合学生心理特征和认知规律、技能养成规律。本书共 12 个项目,主要内容包括"C 语言概述""数据类型、运算符和表达式""顺序结构程序设计""选择结构程序设计""循环结构程序设计""数组""函数""指针""结构体和共用体""文件""综合知识应用""综合实践应用"等。内容由浅入深,循序渐进,让学生逐步深入学习,提升技能。同时,本书注重职业素养与职业技能双指导,将岗位所需职业素养和职业技能融入教材内容中,尤其注重工匠精神、敬业精神的培养。本书采用新形态教材的编写方式,将行业发展新技术、新工艺、新理念融入其中,便于教学开展和自学活动。

本书按照新形态立体化教材方式编写,配有课件、任务源代码、习题集、习题库、习题素材等立体化资源,有助于学生自主学习和教师混合式教学的开展。

本书适合作为中等职业教育、一贯制教育和高等职业教育 C 语言程序设计课程的教材,也可作为职业教育高考(春季高考)C 语言程序设计课程的教学用书,还可以作为编程初学者的自学参考书。

图书在版编目(CIP)数据

C 语言程序设计基础 / 姜全生,王燕,王丹丹主编.
北京 : 清华大学出版社,2025. 6. --(职业教育融媒体教材). -- ISBN 978-7-302-69339-0

Ⅰ. TP312.8

中国国家版本馆 CIP 数据核字第 2025W4H931 号

责任编辑:田在儒
封面设计:刘　键
责任校对:袁　芳
责任印制:刘　菲

出版发行:清华大学出版社
　　网　　　址:https://www.tup.com.cn,https://www.wqxuetang.com
　　地　　　址:北京清华大学学研大厦 A 座　　　　邮　　编:100084
　　社 总 机:010-83470000　　　　　　　　　　邮　　购:010-62786544
　　投稿与读者服务:010-62776969,c-service@tup.tsinghua.edu.cn
　　质量反馈:010-62772015,zhiliang@tup.tsinghua.edu.cn
　　课件下载:https://www.tup.com.cn,010-83470410
印　装　者:三河市人民印务有限公司
经　　销:全国新华书店
开　　本:185mm×260mm　　　印　　张:16.5　　　字　　数:416 千字
版　　次:2025 年 6 月第 1 版　　　　　　　　印　　次:2025 年 6 月第 1 次印刷
定　　价:49.00 元

产品编号:109412-01

前 言

    C 语言作为一种计算机程序设计语言,功能丰富、编程灵活方便、兼容能力强、可移植性好,兼具高级语言及低级语言的优点。主要用途包括系统编程、应用程序开发、科学计算、Web 开发等,被广泛应用于各个领域。随着新一代信息技术的蓬勃发展,C 语言成了一门非常重要的编程语言,广泛应用于传感网、工业机器人、智能制造等领域。学习 C 语言已成为广大计算机应用人才和大中院校学生的迫切需求,是理工科专业学生的一门专业基础课程,也是职业教育高考网络技术类专业、软件与应用技术类专业考试的主要课程。

    本书编者根据 C 语言程序设计的工作特点,面向大中专院校和职业教育高考学生的学习要求,应用了项目引领和任务驱动的设计方式,循序渐进地提升理论和技能。

1. 本书特色

    (1) 注重层次,理论知识由浅入深,循序渐进。

    采用项目引领和任务驱动的模式编写,设立循序渐进的 12 个项目,每个项目又分解为若干个任务。强调任务的目标性和教学情境的创建,使学生带着真实的任务在探索中学习,以注重培养学生的实践能力为前提,理论知识传授遵循“实用为主、必需和够用为度”的准则,基本知识广而不深,基本技能贯穿教与学的始终。

    (2) 注重实践,引入企业真实案例。

    部分案例选自企业的真实案例,如航天科普知识竞赛管理系统,该案例贴近学生生活,能让学生在解决实际问题的过程中掌握基本语法知识,融会贯通,培养编程思维。

    (3) 注重职业素养与职业技能双指导。

    将岗位所需的职业素养和职业技能融入教材内容中,尤其注重工匠精神、敬业精神的培养。

    (4) 注重数字化资源建设。

    本书配套电子资源丰富,体现学习辅助,配备课件、任务源代码、习题集、习题库、习题教材等教学资源,为学生提供有效的学习辅助。

2. 内容简介

    本书共 12 个项目,涵盖了 C 语言程序设计的所有核心知识点和技能点。主要内容包括“C 语言概述”“数据类型、运算符和表达式”“顺序结构程序设计”“选择结构程序设计”“循环结构程序设计”“数组”“函数”“指针”“结构体和共用体”“文件”“综合知识应用”“综合实践应用”等。

    项目 1 和项目 2 通过使用 Dev-C++ 软件对 C 语言程序编写及编译方法的讲解,使学生掌握常量和变量的使用方法、相关数据类型的特性及复杂表达式的运算,实现 C 语言快速入门。

    项目 3 至项目 5 从顺序、选择、循环三大结构特点入手,使学生掌握相关的输入/输出函数使用方法,掌握 if 语句、if-else 语句、switch-case 语句、while 语句、do-while 语句、for 语句、

break 语句、continue 语句等使用方法。

项目 6 从一维数组、二维数组、字符数组入手,使学生掌握数组的定义、初始化、引用的方法,并能够应用数组处理批量数据。

项目 7 从函数的定义入手,使学生掌握函数定义形式、参数传递、返回值等必备知识,从而掌握使用函数实现模块化程序设计的方法。

项目 8、项目 9 从不同类型指针变量的定义方法入手,使学生掌握使用指针访问数组、字符串、函数等内容的方法,掌握结构体和共用体的使用方法及注意事项,使学生能够应用结构体与共用体设计处理复杂问题。

项目 10 从文件的概述、相关操作函数入手,使学生掌握文件操作函数的使用方法。

项目 11 依据最新的职业教育高考网络技术类专业、软件与应用技术类专业 C 语言程序设计考试标准和教材内容编写理论综合试题和技能综合试题,检测学生对 C 语言知识点的掌握情况,使学生对知识体系有全面立体的了解和掌握,并加以实践。

项目 12 从设计和开发学生成绩管理系统、图书管理系统,让学生掌握 C 语言信息管理系统开发方法,提升学生问题解决能力、团队协作与沟通能力,使学生获得实际项目开发经验,为未来就业与学术研究打下坚实的基础。

3. 编者团队

本书编者团队汇聚了山东省重点职校的一线骨干教师,团队中的成员不仅具备深厚的 C 语言教学背景,而且拥有丰富的职业教育高考教学经验。多年致力于职业教育高考考试命题方向的研究,确保本书内容紧密贴合考试实际,满足中等职业学校学生特别是职业教育高考学生的学习需求。

4. 编写人员

本书的编写与审校工作由姜全生、王燕、王丹丹、万纲尊、庄娜娜、蔺丽芳完成,王丹丹依据中等职业教育 C 语言程序设计课程标准以及职业教育高考网络技术类专业、软件与应用技术类专业 C 语言程序设计考试标准对全书做了内容统筹、章节结构设计和统稿。

由于编者水平有限,书中难免存在不妥之处,敬请读者给予批评、指正。

编　者

2025 年 1 月

教学资源与更新

目　录

C 语言概述

  C 语言是国际上广泛流行的高级语言,其功能强大、使用灵活,既可用于编写应用软件,又可用于编写系统软件。本项目主要介绍 C 语言发展历史及特点,Dev-C++ 5.10 软件安装及 C 语言程序编译运行的步骤,C 语言程序的结构,算法的特性及表示方法。通过案例练习使学生掌握使用 Dev-C++ 5.10 软件编译运行 C 语言程序的步骤及传统流程图、N-S 流程图及伪代码表示算法的方法,科普高铁知识,提升学生的民族自尊心和自豪感,弘扬创新精神。

学习目标

◇ **知识目标**

(1) 了解 C 语言发展简史。

(2) 掌握 C 语言特点。

(3) 掌握安装 Dev-C++ 5.10 的步骤。

(4) 掌握在 Dev-C++ 5.10 上运行 C 语言程序的步骤。

(5) 掌握 C 语言程序的结构。

(6) 掌握 C 语言程序编译运行步骤。

(7) 掌握算法的特性。

(8) 掌握使用传统流程图、N-S 流程图及伪代码表示算法的方法。

◇ **能力目标**

(1) 能够在 Dev-C++ 5.10 上运行 C 语言程序。

(2) 具备 C 语言程序解决实际问题的能力。

(3) 能够使用传统流程图、N-S 流程图及伪代码等工具表示算法。

◇ **素养目标**

(1) 培养学生团队合作、探索创新的能力。

(2) 践行职业精神,培养良好的职业品格和行为习惯。

(3) 塑造学生严谨认真的工匠品质。

(4) 科普高铁知识,弘扬创新精神,提升学生的民族自尊心和自豪感。

项目描述

应用 C 语言程序解决实际问题

  在实际生活中,经常会遇到一些计算问题,如计算两个数的和、计算圆的面积、计算增长率等。此类问题可以借助 C 语言程序进行分析和计算。下面通过一个案例,练习一下如何应用 C 语言程序分析实际问题。

【案例】 中国高铁经过多年的发展,形成了自己独特的交通文化体系。其营业里程数屡创新高,表 1-1 是 2016—2023 年我国高铁的营业里程数。

表 1-1   2016—2023 年我国高铁的营业里程数

年　份	营业里程数/万 km	年　份	营业里程数/万 km
2016	2	2020	3.79
2017	2.5	2021	4
2018	2.9	2022	4.2
2019	3.5	2023	4.5

1. 目标分析

按照题目描述,可以分析中国高铁营业里程数的增长速度。比如,当比较 2021 年与 2016 年营业里程数时,可以分析得出增长的里程数及增长率。

2. 问题思考

(1) 可以使用哪些软件完成相关分析?

_____

(2) 使用编程软件如何来定义营业里程数?

_____

_____

(3) 完成程序步骤的文字描述。

_____

_____

_____

_____

任务 1   C 语言发展简史及特点

任务描述

C 语言的发展历史可追溯到 20 世纪 70 年代初,它极大地简化了编程过程,为计算机技术的发展奠定了坚实的基础。本任务将通过介绍 C 语言的发展历史和特点,使学生能够了解 C 语言发展的历程并掌握 C 语言的特点。

任务准备

机器语言又称二进制代码语言,是计算机的指令集,即直接对计算机硬件进行操作的语言。它是计算机能够识别并直接执行的一种低级语言。由于直接操作硬件,机器语言的编写、调试和修改都非常困难,并且机器语言依赖于特定的计算机硬件系统,一种机器语言的程序在另一种计算机上可能无法执行。20 世纪 70 年代初,计算机编程还处于初级阶段,程序员们面临着诸多挑战,其中之一便是如何编写出既高效又易于维护的代码。为了解决这些问题,贝尔实验室的 Dennis M. Ritchie 博士,在 B 语言的基础上,设计出了 C 语言并首次在运行 UNIX 操作系统的 DEC PDP-11 计算机上使用。

知识点 1：C 语言发展简史

C 语言自 1972 年诞生以来，经历了多个发展阶段。最初，C 语言主要用于 UNIX 操作系统的开发，但随着时间的推移，其应用领域逐渐扩大，成为一种通用的高级语言。1983 年，美国国家标准协会（ANSI）制定了 C 语言的标准，即 ANSI C。此后，C 语言不断得到完善和发展，逐步成为计算机编程领域的重要工具。它不仅在操作系统、编译器等底层系统开发中发挥着重要作用，而且在嵌入式系统、游戏开发等领域也展现出了强大的生命力。

知识点 2：C 语言特点

C 语言是一种广泛使用的通用编程语言，用接近人们习惯的自然语言和数字语言作为语言的表达形式，它的特点主要包括以下几个方面。

（1）简洁紧凑，灵活方便。C 语言只有 32 个关键字和 9 种控制语句，程序书写形式自由，主要用小写字母表示。C 语言把高级语言的基本结构和语句与低级语言的实用性结合起来。C 语言可以像汇编语言一样对位（bit）、字节和地址进行操作，而这三者是计算机最基本的工作单元。

（2）运算符丰富。C 语言的运算符包含的范围很广泛，共有 34 种运算符。C 语言把括号、赋值、强制类型转换等都作为运算符处理。从而使 C 语言的运算类型极其丰富，表达式类型多样化。

（3）数据类型和数据结构丰富。C 语言的数据类型有整型、浮点型、字符型、数组类型、指针类型、结构体类型、共用体类型等，能用来实现各种复杂的数据结构的运算。

（4）具有结构化的控制语句。C 语言有 9 种控制语句，如 if-else 语句、switch 语句、循环语句等，用函数作为程序的模块单位，便于实现程序的模块化。

（5）代码可移植性好。C 语言在不同操作系统上编译后生成的机器代码在形式上是相似的，因此，只要一种计算机的 C 语言编译程序生成的目标代码能在某种计算机上运行，那么就可以稍作修改后移植到其他机器上。

（6）生成目标代码质量高，程序运行效率高。C 语言一般只比汇编程序生成的目标代码效率低 10%～20%。

（7）允许直接访问物理地址，对硬件进行操作。C 语言具有直接访问物理地址的能力，可以直接对硬件进行操作。因此，它既具有高级语言的功能，又具有低级语言的许多功能。

（8）可进行位操作，能实现汇编语言的大部分功能。

这些特点使得 C 语言在系统软件、嵌入式系统开发、图形学、网络编程、游戏开发等多个领域都有广泛应用。

任务测试

根据任务 1 所学内容，完成下列测试。

1. C 语言是一种（　　）。

    A. 机器语言   B. 汇编语言   C. 高级语言   D. 低级语言

2. C 语言程序能够在不同的操作系统下运行，这说明其具有良好的（　　）。

    A. 兼容性   B. 移植性   C. 适应性   D. 操作性

3. C 语言中包含的运算符数是（　　）个。

    A. 34   B. 36   C. 38   D. 48

4. 下列关于 C 语言的说法，正确的是（　　）。

A．C语言比其他语言高级

B．C语言源代码文件可以直接被计算机执行

C．C语言出现最晚，各方面都优于其他语言

D．C语言是用接近人们习惯的自然语言和数字语言作为语言的表达形式

5．C语言具有低级语言的功能，主要是指（　　）。

A．程序的可移植性　　　　　　　　B．程序的使用方便性

C．具有现代化语言的各种数据结构　　D．能直接访问物理地址，可进行位操作

任务 2　开发环境介绍

任务描述

一个完整的 C 语言开发环境通常包括编译器、调试器、文本编辑器和版本控制系统等部分。开发人员可以根据自己的需求和偏好选择适合自己的工具。同时，了解每个工具的特点和使用方法也是非常重要的。

任务准备

集成开发环境（integrated development environment，IDE）是一种软件工具，用于开发、测试和调试软件应用程序。它集成了多个开发工具和环境，方便开发人员进行代码编写、编译、调试、版本控制等操作。

常见 IDE 有以下几种。

Microsoft Visual Studio：功能强大的 IDE，支持多种编程语言，包括 C 语言。它提供了丰富的开发工具和调试器。

Eclipse：开源的 IDE，支持多种编程语言，具有可扩展性强的特点。

Turbo C：美国 Borland 公司开发的一套 C 语言程序开发工具，Turbo C 集成了程序编辑、调试、链接等多种功能。

Dev-C++：简单易用的 IDE，特别适合 C 语言的开发。

Xcode：苹果公司为 macOS 和 iOS 开发的 IDE，支持 C 语言开发。

知识点 1：安装 Dev-C++ 5.10

Dev-C++是一个 Windows 操作系统下的 C 和 C++程序的 IDE。它使用 MingW32/GCC 编译器，遵循 C/C++标准。开发环境包括多页面窗口、工程编辑器以及调试器等，在工程编辑器中集合了编辑器、编译器、链接程序和执行程序，提供高亮度语法显示以减少编辑错误，还有完善的调试功能，适合初学者与编程高手的不同需求，是学习 C 语言或 C++语言的首选开发工具，下面介绍 Dev-C++ 5.10 安装步骤。

第一步，首先双击安装包应用程序，打开安装语言选择对话框，如图 1-1 所示，选择语言（默认即可），单击 OK 按钮。

第二步，打开软件安装对话框，进入软件许可协议界面，如图 1-2 所示，认真阅读后单击 I Agree 按钮。

第三步，选择要安装的功能插件，建议全部安装

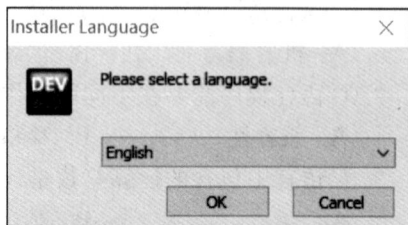

图 1-1　安装语言选择对话框

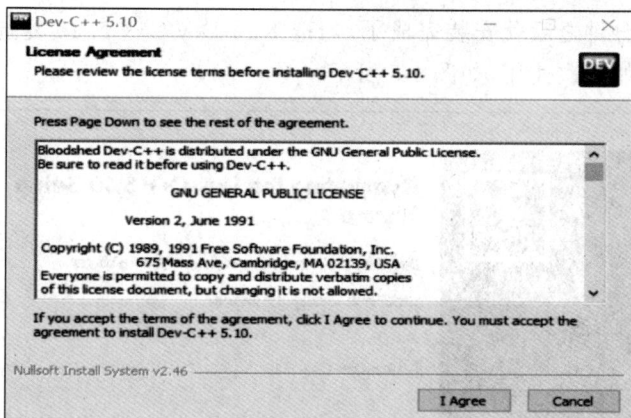

图 1-2　软件许可协议界面

（即默认选择 Full 选项即可），单击 Next 按钮，如图 1-3 所示。

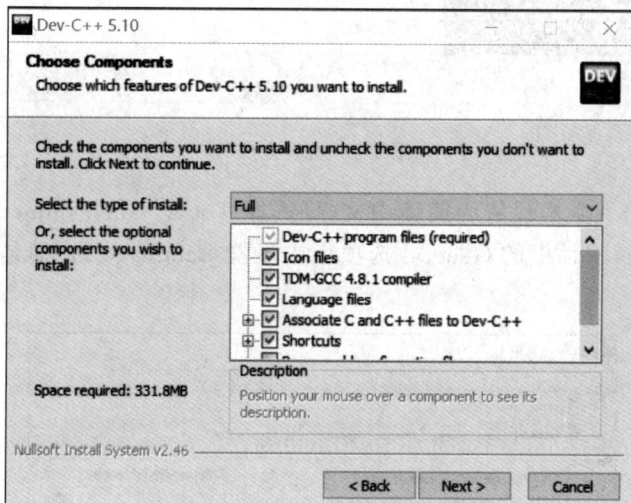

图 1-3　选择要安装的功能插件

第四步，选择安装路径，单击 Install 按钮，如图 1-4 所示。

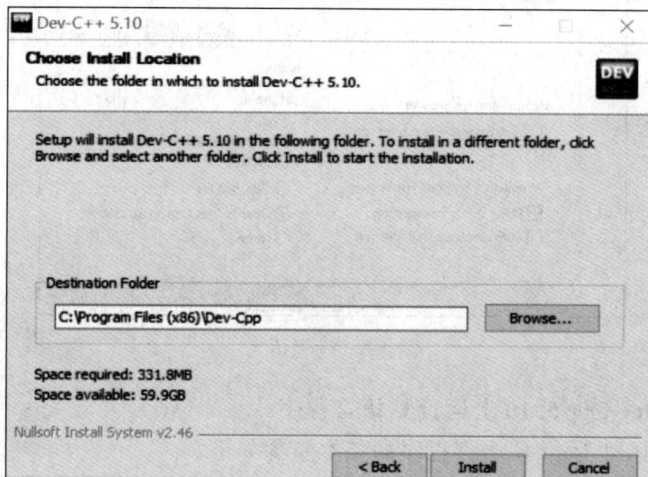

图 1-4　选择安装路径

第五步,等待几分钟之后就安装完成了,勾选 Run Dev-C++ 5.10 复选框,单击 Finish 按钮直接打开,即可开始首次使用,如图 1-5 所示。

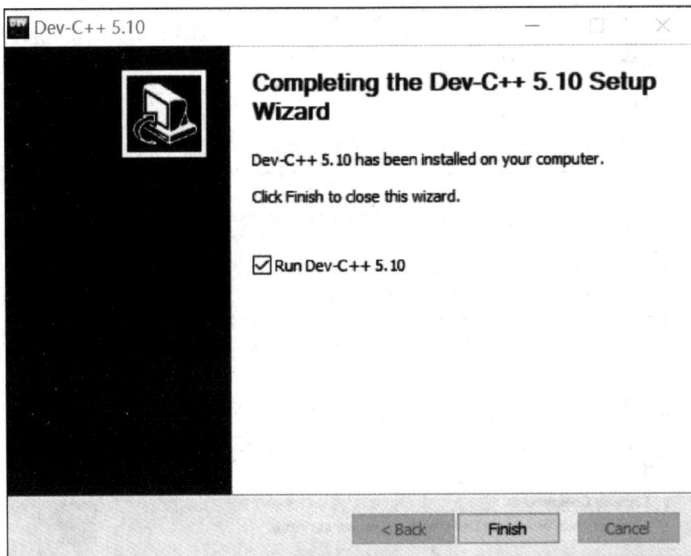

图 1-5   安装完成

若想将软件的语言版本设置为简体中文,可选择 Tools→Environment Options 选项,在 Environment Options 对话框的 General 选项卡中设置 Language 为"简体中文/Chinese",如图 1-6 所示。

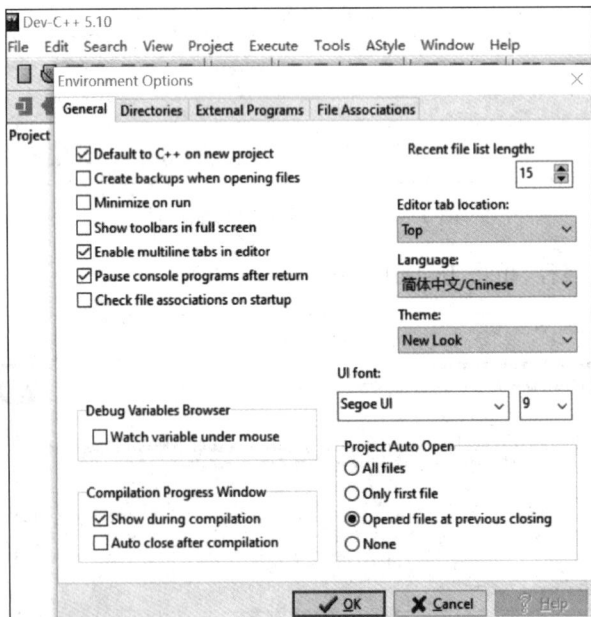

图 1-6   设置语言

知识点 2：在 Dev-C++ 5.10 上运行 C 语言程序

在 Dev-C++ 5.10 上运行 C 语言程序的基本步骤如下。

第一步,选择"文件"→"新建"→"源代码"选项,如图 1-7 所示。

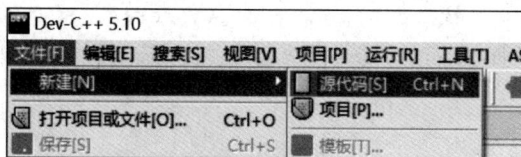

图 1-7　新建文件

第二步,在编辑窗口中输入或修改 C 语言程序。

```
#include<stdio.h>
main()
{
    printf("中国高铁已经成为全球高铁建设的领跑者.");
}
```

第三步,选择"文件"→"保存"选项,打开"另存为"对话框,在"保存类型"下拉列表框中选择 C source files(*.c),输入源代码文件名称,如图 1-8 所示。

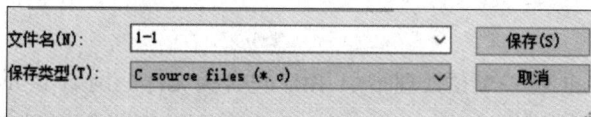

图 1-8　保存文件

第四步,选择"运行"→"编译"选项,在消息窗口的"编译日志"选项卡中显示编译结果信息,如图 1-9 所示。

第五步,选择"运行"→"运行"选项,执行目标程序,如图 1-10 所示。

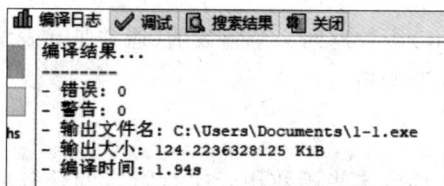

图 1-9　编译结果

图 1-10　执行目标程序结果

任务测试

根据任务 2 所学内容,完成下列测试。

1. 一个完整的 C 语言开发环境通常包括调试器、文本编辑器、版本控制系统和(　　)。

　　A. 编译器　　　　　　B. 解调器　　　　　　C. 解码器　　　　　　D. 编码器

2. 以下不属于 C 语言的 IDE 的是(　　)。

　　A. Microsoft Visual Studio　　　　　　B. Dev-C++

　　C. Office　　　　　　D. Eclipse

3. 若想将 Dev-C++软件的语言版本设置为简体中文,可选择 Tools→(　　)选项。

　　A. Environment Options　　　　　　B. Directions

　　C. External Programs　　　　　　D. File Associations

4. C 语言源代码文件的扩展名是(　　)。

　　A.　.obj　　　　　　　　　B.　.c　　　　　　　　　C.　.exe　　　　　　　　　D.　.sys

　　5. Dev-C++ 5.10 中选择"运行"→"运行"选项,执行目标程序生成的文件的扩展名是(　　　)。

　　A.　.c　　　　　　　　　　B.　.obj　　　　　　　　C.　.sys　　　　　　　　　D.　.exe

任务3　　C语言程序的结构和编译运行步骤

任务描述

　　本任务将从 C 语言程序的基本结构入手,介绍 C 语言程序的组成部分,在此基础上,通过集成开发环境对 C 语言程序进行编写、编译、链接及运行,最终完成程序结果的输出。

任务准备

知识点 1：C 语言程序的结构

C 语言程序的结构通常由以下几个部分组成。

1. 预处理指令

以♯开头。♯include 是一个预处理指令,用于包含头文件。例如,♯include < stdio. h >是用于包含标准输入/输出函数的头文件。♯define 和其他预处理指令用于定义常量、宏等。

2. 全局声明

在所有函数之外,可以声明全局变量和函数原型。这些变量和函数可以在程序的任何地方被访问。

3. 主函数

每个 C 语言程序都从 main()函数开始执行。main()函数返回一个整数值(通常是 0 表示成功,非 0 表示错误),main()函数的主体包含程序的主要逻辑。

4. 其他函数

除了 main()函数外,C 语言程序还可以包含其他函数,这些函数用于执行特定的任务或返回计算结果,这些函数通常在 main()函数中被调用。

5. 语句

语句是 C 语言程序的基本单位,用于执行特定的任务。每条语句以分号(;)作为结束符,例如,声明变量、赋值、调用函数、循环、条件判断等。

6. 注释

C 语言支持单行注释(以//开头)和多行注释(以/ ＊ 开始,以 ＊ /结束)。

注释用于解释代码的目的和功能,对于其他程序员理解代码非常有帮助。

【示例】　C 语言程序的结构示例。

```
/＊2021 年比 2016 年增加的营业里程数 ＊/        //注释
♯ include< stdio. h>                          //预处理指令
main()                                        //定义主函数
{
    int a,b,c;                                //声明变量
```

```
    a = 4;                          //为2021年营业里程变量赋值
    b = 2;                          //为2016年营业里程变量赋值
    c = a - b;                      //计算增长的里程数
    printf("%d",c);                 //使用输出函数输出结果
}
```

程序运行结果：

```
2
```

想一想

如何计算2021年营业里程较2016年增长率。

知识点 2：编译运行步骤

C语言编译运行主要包括编写源代码、保存文件、编译、链接、运行等步骤。

1. 编写 C 语言源代码

C语言源代码是由一系列的函数、变量、控制结构和预处理指令组成的。在编写代码时，需要遵循C语言的语法规则和编码规范。例如：

```
#include <stdio.h>
main()
{
    printf("China's high-speed railway, world's speed!");
}
```

2. 保存源代码文件

将编写好的 C 语言源代码保存为以 .c 为扩展名的文件，如将上述示例代码保存为 railway.c。

3. 编译源代码

使用 C 语言编译器将源代码文件编译为目标文件（.obj 文件）。编译器将源代码文件中的文本形式的 C 代码转换成二进制格式的目标文件。这个过程中会检查源代码的语法错误和语义错误。

4. 链接生成可执行文件

如果源代码中引用了其他库函数或文件（如标准输入/输出函数），则需要在编译之后进行链接。链接器将目标文件和库文件组合成一个可执行文件（.exe 文件）。在上面的例子中，由于使用了 printf() 函数，编译器会自动链接 C 标准库。

5. 运行可执行文件

程序将按照源代码中的指令执行，并输出结果。

任务实施

实例1：用 C 语言解决以下实际问题。

已知长方形的长为 5 和宽为 3，求长方形的周长和面积。

该实例中所列出的问题均为在实际编程中会遇到的真实问题。要解决这些问题,就要设置好变量和表达式(公式)。

1. 设置变量

变量设置为 _____。

2. 列出表达式(公式)

表达式(公式)为 _____。

实例 2:用 * 号输出字母 C 的图案。

1. 实例分析

分析字母 C 的图案由几行 * 号构成,每行由几个 * 号构成,使用 printf()函数来实现。

2. 操作步骤

(1) 分析字母 C 的图案由几行 * 号构成。

_____

(2) 分析每行由几个 * 号构成。

_____

_____

_____

任务测试

根据任务 3 所学内容,完成下列测试。

1. C 语言程序的执行,总是起始于(　　　)。

    A. 程序中的第一条可执行语句　　　　B. 程序中的第一个函数

    C. main()函数　　　　　　　　　　　D. 包含文件中的第一个函数

2. 以下叙述中,正确的是(　　　)。

    A. 语句是构成 C 语言程序的基本单位

    B. 一个函数可以没有参数

    C. main()函数必须放在其他函数之前

    D. 所有被调用的函数一定要在调用之前进行定义

3. C 语言程序中的注释部分开始的字符是(　　　)。

    A. /　　　　　　　　　　　　　　　B. *

    C. /*　　　　　　　　　　　　　　D. (*/

4. C 语言编译器将源代码文件编译为目标文件的扩展名是(　　　)。

    A. .c　　　　　　　　　　　　　　B. .obj

    C. .exe　　　　　　　　　　　　　D. .sys

5. C 语言编写的源代码文件(　　　)。

    A. 可立即执行　　　　　　　　　　B. 经过编译即可执行

    C. 经过编译和解释后才能执行　　　D. 经过编译和链接后才能执行

任务 4　程序算法基础

任务描述

C 语言需要准确而完整地描述问题的方案,该方案通过一系列解决问题的清晰指令,能够对一定规范的输入,在有限时间内获得所要求的输出。算法则代表着用系统的方法描述解决问题的策略机制。本任务将介绍算法的定义与特性、算法的描述,使学习者能够使用自然语言、流程图及伪代码来描述日常生活中的算法。

任务准备

知识点:算法及其描述

1. 算法的定义

算法是为解决一个问题而采取的方法和步骤。在计算机科学中,算法是对特定问题的操作过程的描述,这些步骤通过程序设计语言的运算指令得以实现。

2. 算法的特性

(1) 有穷性:一个算法应包含有限个操作步骤,不能是无限个。

(2) 确定性:算法中的每一步骤都必须有明确的定义,并且不含有二义性。

(3) 输入:一个算法有零个或多个输入,以刻画运算对象的初始情况。

(4) 输出:一个算法有一个或多个输出,以反映对输入数据加工后的结果。

(5) 可行性:算法中执行的任何计算步骤都是可以被分解为基本的可执行的操作步骤,即每个计算步骤都可以在有限时间内完成(又称有效性)。

3. 算法的描述

描述算法有多种工具,包括自然语言、传统流程图、N-S 流程图、伪代码等。

1) 用自然语言表示算法

自然语言描述的算法通俗易懂,易于被大众所理解,特别适用于对顺序程序结构算法的描述。但自然语言一般比较冗长,容易产生歧义,有时会导致算法执行的不确定性。当问题比较复杂时,用自然语言描述的算法则显得条理性不足,甚至有些混乱,在使用自然语言时要特别注意算法逻辑的正确性和操作的精准性。

比如,把水果放入冰箱的步骤可以用自然语言描述。

把水果放入冰箱的步骤如下:

第一步,把冰箱门打开。

第二步,把水果放进冰箱。

第三步,把冰箱门关上。

2) 用传统流程图表示算法

传统流程图使用矩形、圆角矩形、菱形、平行四边形和箭头等符号来表示操作的执行顺序和条件判断。符合人们思维习惯,用它表示算法,直观形象,易于理解,但可能会因为复杂的流程线而显得混乱。

常见流程图符号的名称和功能如表 1-2 所示。

表 1-2 常见流程图符号的名称和功能

符　号	符 号 名 称	功　　能
▭	起止框	表示算法的开始和结束
▭	处理框	表示执行一个步骤
◇	判断框	表示要根据条件选择执行路线
▱	输入/输出框	表示需要用户输入或由计算机输出信息
—→ 或 ↓	流程线	指示流程的方向

输入 n 的值,若 n≤10 输出 n 的值,否则退出,用流程图表示如图 1-11 所示。

3) 用 N-S 流程图表示算法

N-S 流程图,也称盒图或 NS 图,是由美国学者 Ike Nassi 和 Ben Shneiderman 在 1973 年提出,其中 N 和 S 分别是两位学者英文姓名的第一个字母。N-S 流程图是一种用于描述程序运行过程的结构化流程图。它以特定意义的图形、流程线及简要的文字说明构成,能够清晰明确地表示程序的执行路径和逻辑结构。

N-S 流程图包含以下基本结构或符号。

(1) 顺序结构:语句按顺序执行。顺序结构如图 1-12 所示,执行完 A 操作后,接着执行 B 操作。

(2) 选择结构:根据条件的不同选择执行相应的语句,又称分支结构。选择结构如图 1-13 所示,当 p 条件成立时执行 A 操作,p 不成立时,执行 B 操作。

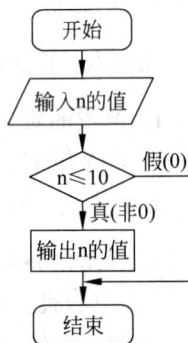

图 1-11 输出 n 的流程图

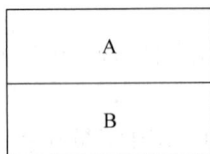

图 1-12 顺序结构 N-S 流程图

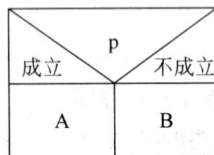

图 1-13 选择结构 N-S 流程图

(3) 循环结构:循环结构如图 1-14 所示,当 p 条件成立时反复执行 A 操作,直到 p 条件不成立为止。

图 1-11 改用 N-S 流程图表示,如图 1-15 所示。

设定 n 的初始值为 1,若 n 的值小于等于 100 时输出 n,每次循环 n 的值加 1,用 N-S 流程图表示,如图 1-16 所示。

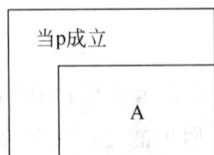

图 1-14 循环结构 N-S 流程图

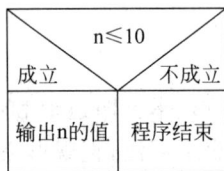

图 1-15 输出 n 的 N-S 流程图

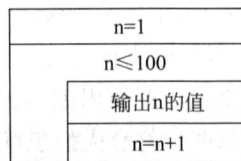

图 1-16 输出 1~100 的 N-S 流程图

4）用伪代码表示算法

用流程图表示算法,直观易懂,但画起来比较费劲,在设计一个算法时,可能要反复修改,而修改流程图是比较麻烦的,因此,流程图适用于表示一个算法,但在设计算法的过程中使用却不是很理想,尤其当算法比较复杂、需要反复修改时。为设计算法时方便,就产生了伪代码。

伪代码是介于自然语言和机器语言之间用文字和符号来描述算法的,它不用图形符号,因此书写方便,格式紧凑,也比较好懂。虽然伪代码不是一种实际的编程语言,但是在表达能力上类似于编程语言,同时避免了描述技术细节带来的麻烦,所以伪代码更适合描述算法,故被称为"算法语言"或"第一语言"。可以用汉字作为伪代码,也可以用英文作为伪代码,还可以中英文混用。

例如,车站售票优惠的规定是:身高不高于 1.1m 免票,高于 1.1m 但不高于 1.4m 半票,高于 1.4m 的全票。用伪代码可以表示如下:

若身高不高于 1.1m

输出免票

否则若身高高于 1.1m 但不高于 1.4m

输出半票

否则若身高高于 1.4m

输出全票

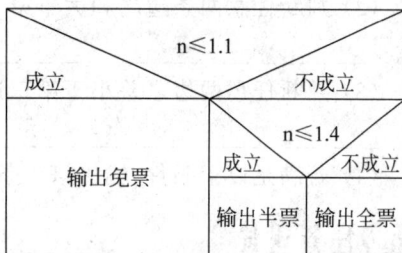

图 1-17　车站售票的 N-S 流程图

【示例】　车站售票的 N-S 流程图示例,如图 1-17 所示。

解析:本示例的 N-S 流程图先判断身高不高于 1.1m,如不高于,即条件成立,输出免票;如条件不成立,再来判断身高是否不高于 1.4m,如不高于,即条件成立,输出半票;如条件不成立,即身高高于 1.4m,输出全票。

想一想

如何用传统流程图来描述?

_____

_____

_____

任务实施

实例 1:用自然语言描述如下算法:农夫想带着狼、羊、白菜一起过河,每次只能带一种东西或者动物过河。农夫怎样把狼、羊、白菜平安带到对岸?

1. 实例分析

按照题目描述,要把狼、羊、白菜平安带到对岸,当农夫不在时,狼会吃羊,羊会吃白菜,因此狼和羊在同一岸时农夫必须也在,羊和白菜在同一岸时农夫也必须在。

2. 操作步骤

（1）农夫带羊过河。

（2）_____。

（3）农夫带狼过河。

（4）_____。

（5）农夫放下羊,带白菜过河。

（6）农夫返回。

（7）_____。

实例 2：用伪代码描述如下算法：任意给出三条边，判断能否构成三角形。

1．实例分析

按照题目描述，输入三条边，需要保证任意两条边的和大于第三边，且任意两边之差小于第三边。

2．操作步骤

（1）输入三条边 a、b、c。

（2）判断任意两条边之和大于第三边。

_____

（3）判断任意两边之差小于第三边。

_____

（4）若满足以上条件，输出该三条边能构成三角形。

任务测试

根据任务 4 所学内容，完成下列测试。

1. 算法的三种基本结构是（　　）。

    A. 顺序结构、分支结构、循环结构　　　　　B. 顺序结构、流程结构、循环结构

    C. 顺序结构、分支结构、流程结构　　　　　D. 流程结构、循环结构、分支结构

2. 不属于算法的特性的是（　　）。

    A. 确定性　　　　　B. 可行性　　　　　C. 有穷性　　　　　D. 无穷性

3. 传统流程图中表示判断框的是（　　）。

    A. ▭　　　　　B. ▭　　　　　C. ◇　　　　　D. ▱

4. 传统流程图中表示算法的开始和结束的符号是（　　）。

    A. ▭　　　　　B. ▭　　　　　C. ◇　　　　　D. ▱

5. 介于自然语言和机器语言之间用文字和符号来描述算法，不用图形符号，书写方便，格式紧凑的算法表示方式是（　　）。

    A. 传统流程图　　　　B. 伪代码　　　　C. N-S 流程图　　　　D. 顺序结构

综 合 练 习

根据项目所学内容，完成下列练习。

一、单项选择题

1. 构成 C 语言程序的基本单位是（　　）。

    A. 语句　　　　　B. 函数　　　　　C. 过程　　　　　D. 复合语句

2. 在每一个 C 语言程序中都必须包含的函数是（　　）。

    A. main()　　　　B. Main()　　　　C. function()　　　　D. Function()

3. 计算机能够直接识别的计算机语言类型是（　　）。

A. 汇编语言　　　　　B. 高级语言　　　　　C. 机器语言　　　　　D. C 语言

4. 计算机高级语言程序的运行方法有编译执行和解释执行两种,以下叙述中正确的是（　　）。

　　A. C 语言程序仅可以编译执行

　　B. C 语言程序仅可以解释执行

　　C. C 语言程序既可以编译执行又可以解释执行

　　D. C 语言程序不能编译执行

5. 用计算机高级语言编写的程序文件一般称为（　　）。

　　A. 编译文件　　　　B. 源代码文件　　　C. 可执行文件　　　D. 目标文件

6. 能使 C 语言的源程序翻译为二进制代码的方式是（　　）。

　　A. 解释　　　　　　B. 汇编　　　　　　C. 编译　　　　　　D. 翻译

7. C 语言程序的目标程序形成可执行的目标程序的过程是（　　）。

　　A. 编译　　　　　　B. 链接　　　　　　C. 翻译　　　　　　D. 执行

8. 下列对 C 语言特点的描述,不正确的是（　　）。

　　A. C 语言的可移植性较差

　　B. C 语言既可以用来编写应用程序,又可以用来编写系统软件

　　C. C 语言兼有高级语言和低级语言的双重特点,执行效率高

　　D. C 语言是一种结构式模块化程序设计语言

9. 下列说法中,不是 C 语言特点的是（　　）。

　　A. 语言简洁、紧凑,使用方便　　　　　B. 数据类型丰富,可移植性好

　　C. 能实现汇编语言的大部分功能　　　　D. 有较强的网络管理功能

10. 用于描述程序运行过程,以特定意义的图形、流程线及简要的文字说明构成,能够清晰明确地表示程序的执行路径和逻辑结构的流程图是（　　）。

　　A. 传统流程图　　　B. 伪代码　　　　　C. N-S 流程图　　　D. 顺序结构

二、填空题

1. C 语言程序的运行需要经过_____和_____两步进行。

2. C 语言程序中多行注释用_____括起来。

3. C 语言源代码文件的后缀名是_____。

4. C 语言源代码文件经过链接执行后,生成的文件的后缀名是_____。

5. C 语言程序的基本单位是_____。

6. 结构化设计中的三种基本结构是_____。

7. 预处理指令以_____开头。

8. C 语言中的每条基本语句以_____作为结束符。

9. 算法的四种表示方法是_____。

10. 算法的特性有_____。

三、编程题

1. 编写一个 C 语言程序,输出以下信息。

```
**********************************
    Hello,c language programming!
**********************************
```

2. 计算两个数 a 和 b 的和。

3. 编写程序,输出由 * 组成的图案,如图 1-18 所示。

```
*
**
***
****
*****
```

图 1-18   * 组成的图案

4. 已知变量 a＝1、b＝2,将变量 a 和 b 的值交换。

数据类型、运算符和表达式

在 C 语言中,数据需要与数据类型相关联才能确保数据的正确处理和存储,程序可以通过常量和变量进行读取和存储,运算符和表达式可以实现数据的基本操作。本项目主要介绍关键字、标识符、常量、变量、基本数据类型、运算符和表达式。通过案例练习,科普第五代移动通信技术(5th Generation Mobile Communication Technology,5G)知识,提升学生的民族自尊心和自豪感,弘扬创新精神。

学习目标

◇ **知识目标**

(1) 掌握 C 语言中的关键字。

(2) 掌握标识符的概念、命名规则和使用方法。

(3) 掌握常量和变量的定义和使用方法。

(4) 掌握基本数据类型的特点及使用方法。

(5) 掌握运算符和表达式的构成及使用方法。

◇ **能力目标**

(1) 能够根据实际问题定义常量和变量。

(2) 能够选择正确的数据类型。

(3) 能够使用运算符和表达式解决实际问题。

◇ **素养目标**

(1) 培养学生团队合作、探索创新的能力。

(2) 践行职业精神,培养良好的职业品格和行为习惯。

(3) 塑造学生严谨认真的工匠品质。

(4) 科普 5G 知识,弘扬创新精神,提升学生的民族自尊心和自豪感。

项目描述

应用数据类型、运算符和表达式解决数据处理问题

应用数据类型、运算符和表达式解决实际问题在我们的日常生活中是非常普遍的,如超市购物结算、折扣计算,华氏温度与摄氏温度的转换,健康饮食管理,大小写字母的转换,多边形面积的计算等。此类问题的处理过程,就是定义常量和变量的数据类型,应用运算符和表达式进行处理的过程。在实际编程过程中,通过分析题目,设定常量和变量,正确运用运算符和表达式是解决问题的关键环节。下面通过一个案例,练习一下分析题目表达式计算的方法。

【**案例**】 随着 5G 技术的诞生,用智能终端分享 3D 电影、游戏以及超高画质(UHD)节目

的时代正向我们走来。截至 2024 年 4 月末,我国 5G 移动电话用户达 8.89 亿户,占移动电话用户总数的 50.6%,三大运营商 5G 套餐用户正式突破 14 亿大关。要求输出移动电话用户总数。

1. 目标分析

按照题目描述,我国 5G 移动电话用户数占移动电话用户总数的 50.6%。

2. 问题思考

(1) 如何来定义 5G 移动电话用户数和占比?

_____

(2) 如何定义表达式(公式)?

_____

(3) 如何输出移动电话用户总数?

_____

(4) 完成程序步骤的文字描述。

_____

_____

_____

任务 1 基本字符、关键字和标识符

任务描述

本任务将介绍 C 语言基本字符、关键字和标识符,使学生能够了解 C 语言的基本字符集,掌握 C 语言中的关键字和标识符的概念、命名规则和使用方法。

任务准备

知识点 1: 基本字符

C 语言中常用的字符主要涉及字符常量、转义字符以及字符的美国信息交换标准代码(American Standard Code for Information Interchange,ASCII 码)表示。以下是 C 语言中常用字符。

1. 字符常量

字符常量是用单引号括起来的一个字符,例如,'A'、'0'、'#'等。它们表示单个字符。

2. 转义字符

转义字符是一种特殊的字符,它以反斜杠(\)开头,后跟一个或几个字符,用来表示一个特定的字符。常见的转义字符如下。

'\n':换行符,将光标位置移到下一行开头。

'\t':制表符,将光标位置移到下一个制表符位置。

'\r':回车符,将光标位置移到本行开头。

'\b':退格。

'\f':走纸。

'\\'：反斜杠。

'\''：单引号字符。

'\"'：双引号字符。

'\o'、'\oo'或'\ooo'(其中 o 代表一个八进制数字)：与该八进制码对应的 ASCII 码字符。

'\xh[h...]'(其中 h 代表一个十六进制数字)：与该十六进制码对应的 ASCII 码字符。

注意：%可在格式化字符串中用作占位符的前缀,而不是转义字符。如果需要在字符串中输出%本身,可以使用%%。

3. 字符的表示方式

ASCII 码是一种字符编码标准,用于将字符映射为整数。在 C 语言中,可以使用整数值来表示字符。例如,字符'A'的 ASCII 码是 65,字符'a'的 ASCII 码是 97。表 2-1 列出了部分字符的 ASCII 码。

表 2-1　部分字符的 ASCII 码

字　符	ASCII 码	字　符	ASCII 码
回车符	13	A	65
空格	32	B	66
*	42	C	67
+	43	⋮	⋮
0	48	Z	90
1	49	a	97
2	50	b	98
3	51	c	99
⋮	⋮	⋮	⋮
9	57	z	122

4. 字符串

虽然不属于单个字符的范畴,但字符串在 C 语言中由双引号括起来,表示由多个字符组成的字符数组。例如,"中国 5G,引领未来"是一个字符串。

【**示例 1**】　字符的表示方式示例。

```
#include <stdio.h>
main()
{
    char ch = 'A';
    printf("%c,%d\n",ch,ch);
    printf("%c,%d\n",ch+32,ch+32);
}
```

程序运行结果：

```
A,65
a,97
```

想一想

将示例 1 中语句 printf("%c,%d\n",ch,ch);改为("%c,%d\t",ch,ch);,看看程序运行结果有什么变化?

调试并写出输出结果。

知识点 2：关键字和标识符

1. 关键字

C 语言是一种广泛应用的编程语言，是许多其他编程语言的基础。C 语言中有 32 个关键字，这些关键字在编程中具有特殊的含义和功能。根据功能，可以分为以下几类。

（1）数据类型关键字（12 个），如表 2-2 所示。

表 2-2　数据类型关键字

关　键　字	作　用
char	声明字符型变量或函数返回类型
int	声明整型变量或函数返回类型
short	声明短整型变量或函数返回类型
long	声明长整型变量或函数返回类型
signed	声明有符号整型变量或函数返回类型
unsigned	声明无符号整型变量或函数返回类型
float	声明单精度浮点型变量或函数返回类型
double	声明双精度浮点型变量或函数返回类型
void	声明函数无返回值或无参数，或声明无类型指针
enum	声明枚举类型
struct	声明结构体类型
union	声明共用体类型

（2）控制语句关键字（12 个），如表 2-3 所示。

表 2-3　控制语句关键字

类　型	关　键　字	作　用
循环控制	for	用于创建一个循环，指定初始条件、循环条件和循环迭代
	do	用于创建一个执行语句块直到满足特定条件的循环
	while	循环语句的循环条件
	break	跳出当前循环或 switch 分支
	continue	结束当前循环的迭代，开始下一轮循环
条件语句	if	条件语句
	else	条件语句否定分支（与 if 连用）
	goto	无条件跳转语句
开关语句	switch	用于多个选择分支的条件语句
	case	在 switch 语句中，用于标识不同的选择分支
	default	在 switch 语句中，用于定义默认情况的代码块
返回语句	return	子程序返回语句（可以带参数，也可不带参数）

（3）存储类型关键字（5 个），如表 2-4 所示。

表 2-4　存储类型关键字

关　键　字	作　用
auto	声明自动变量（局部变量默认为 auto 类型）
extern	声明变量或函数是在其他文件或模块中定义的

关 键 字	作　　用
register	声明寄存器变量(建议编译器将变量存储在寄存器中,以提高访问速度)
static	声明静态变量(变量的值在程序的整个执行期间都保留)
typedef	用以给数据类型取别名

(4) 其他关键字(3 个),如表 2-5 所示。

表 2-5　其他关键字

关 键 字	作　　用
const	声明只读变量(其值不能被修改)
sizeof	计算数据类型或变量长度(即所占字节数)
volatile	说明变量在程序执行中可被隐含地改变

需要注意的是,以上关键字的数量可能会根据 C 语言标准的不同而有所变化。例如,C99
和 C11 等新的 C 语言标准可能增加了一些新的关键字。

2. 标识符

在 C 语言中,标识符是用来命名变量、函数、类型定义的。以下是关于 C 语言标识符的一
些基本规则。

1) 字符组成

标识符必须以字母(a～z、A～Z)或下画线(_)开始。

标识符可以包含字母、数字和下画线。

标识符是区分大小写的。例如,variable 和 Variable 是两个不同的标识符。

2) 长度限制

在实际编程中,标识符的长度通常受到编译器或环境的限制。但是,C 标准并没有明确规
定标识符的最大长度。

在许多现代编译器中,可以使用相当长的标识符,但过长的标识符可能会降低代码的可
读性。

3) 命名约定

通常,变量名使用小写字母和下画线的组合(如 int mobile_user;)。

宏和常量名通常使用大写字母和下画线的组合(如 ♯define MAX_VALUE 100)。

函数名通常使用小写字母,并在单词之间使用下画线或驼峰命名法(如 void best_speed()或
void bestSpeed())。

4) 不建议的命名

避免使用 C 语言的关键字(如 int、char、for、if 等)作为标识符。

避免使用与标准库或系统头文件中的宏、类型或变量名相同的标识符。

避免使用标准库函数或常见库函数的名称作为标识符,以防止潜在的名称冲突。

下面是一些有效的 C 语言标识符示例。

```
int age;
float pi_value;
char name[50];
void display_message();
```

而以下是一些无效或不建议的标识符示例。

```
int 2nd_number;          //错误：标识符不能以数字开始
float int;               //错误：'int' 是关键字
void for();              //错误：'for' 是关键字
#define char 10          //错误：'char' 是关键字,不能用作宏定义
```

【示例2】 关键字和标识符示例。

```
#include<stdio.h>
main()
{
    int a = 42, b = 90;
    printf("我国在全球5G标准必要专利声明量中占比超过%d%%,超过%d%%的5G基站实现共建
    共享",a,b);
}
```

程序运行结果：

我国在全球5G标准必要专利声明量中占比超过42%,超过90%的5G基站实现共建共享

想一想

若示例2中的运行结果为：我国在全球5G标准必要专利声明量中占比超过"42%",超过"90%"的5G基站实现共建共享,如何修改程序？

写出并调试程序。

_____

任务实施

实例1：判断以下语句的输出结果。

(1) printf("第一行\n第二行");。

(2) printf("姓名\t年龄");。

(3) printf("abc\bde");。

(4) printf("\\\\");。

(5) printf("%d",'z'−32);。

1. 实例分析

该实例中所列出的问题均为转义字符以及字符的 ASCII 码表示,关键要掌握转义字符的表示方法以及字符与 ASCII 码的对应关系。

2. 操作步骤

(1) 判断'\n'的作用。

该语句的输出结果为 _____。

(2) 判断'\t'的作用。

该语句的输出结果为 _____。

(3) 判断'\b'的作用。

该语句的输出结果为 _____。

(4) 判断'\\'的作用。

该语句的输出结果为 _____。

(5) 判断字母'z'的 ASCII 码值。

该语句的输出结果为 _____。

实例 2：判断以下字符是否为合法的标识符，若不合法，说明原因。

(1) variable123。

(2) 123variable。

(3) float。

(4) %percentage。

1. 实例分析

该实例中所列出的问题均为标识符是否为合法标识符，关键要掌握构成标识符的基本规则。

2. 操作步骤

(1) 判断 variable123 是否为标识符。

判断结果为 _____。

(2) 判断 123variable 是否为标识符。

判断结果为 _____。

(3) 判断 float 是否为标识符。

判断结果为 _____。

(4) 判断 %percentage 是否为标识符。

判断结果为 _____。

任务测试

根据任务 1 所学内容，完成下列测试。

1. 以下选项中不正确的转义字符是(　　)。
   A. '\\'　　　　B. '\''　　　　C. '\b'　　　　D. '074'

2. 制表符对应的转义字符是(　　)。
   A. '\b'　　　　B. '\f'　　　　C. '\t'　　　　D. '\n'

3. 以下不属于关键字的是(　　)。
   A. int　　　　B. while　　　　C. return　　　　D. function

4. 以下合法的标识符是(　　)。
   A. −5x　　　　B. name_1　　　　C. bow-1　　　　D. ♯23

5. 以下选项中均是合法 C 语言标识符的是(　　)。
   A. A　WI　if　　　　　　　　　　B. scanf　2bc　_Q
   C. a♯b　FOR　123　　　　　　　　D. ab_1　INT　b1

任务 2　常量和变量

任务描述

在 C 语言中，常量和变量是两个基础的概念，它们分别代表了不可改变和可以改变的值。

本任务将通过介绍常量的定义和分类,变量的定义、命名规则、数据类型等,使学生理解常量和变量的定义,掌握常量和变量的使用方法。

任务准备

知识点 1:常量

在 C 语言中,常量是固定不变的值,通常用于表示那些在程序执行过程中不会改变的量。C 语言中有以下几种类型的常量。

1. 整型常量

整型常量是表示整数的常量。如 123、−456、0。

在 C 语言中,整型常量分为十进制整型常量、八进制整型常量和十六进制整型常量三种表示形式。

1) 十进制整型常量

十进制整型常量只能出现 0∼9 的数字,且可带正、负号,如 0、1、365、−28 、−34。

2) 八进制整型常量

八进制整型常量是以数字 0 开头的八进制数字串,其中数字为 0∼7。如 0111(十进制 73)、011(十进制 9)、0123(十进制 83)。

3) 十六进制整型常量

十六进制整型常量是以 0x 或 0X 开头的十六进制数字串,其中每一个数字可以是 0∼9、a∼f 或 A∼F 中的数字或英文字母。如 0x11(十进制 17)、0Xa5(十进制 165)、0x5a(十进制 90)。

以上三种进制的常量可用于不同的场合。大多数场合中采用十进制常量,但当编写系统程序时,如表示地址等,常常采用八进制或十六进制常量。

2. 浮点型常量

浮点型常量是表示浮点数的常量。浮点型常量有两种表示形式:一种是十进制小数形式,另一种是指数形式。

1) 十进制小数形式

十进制小数形式为包括一个小数点的十进制数字串,如 3.14、−2.718、1.0。

2) 指数形式

指数形式的格式由两部分组成:十进制小数形式或十进制整型常量部分和指数部分。其中指数部分是在 e 或 E(相当于数学中幂底数 10)后跟整数阶码(即可带符号的整数指数)。例如:

```
1e15        //表示数值 1×10¹⁵
78e−1       //表示数值 78×10⁻¹
```

3. 字符常量

字符常量用单引号括起来,并且可以是字母、数字、标点符号、控制字符或其他字符集中的一个字符。如'A'、'b'、'\n'(换行符)。

注意:数字字符和实际的数值不是一样的。'5'是一个字符常量,它的 ASCII 码值是 53(在 ASCII 码表中),而不是整数 5。

控制字符常量通常以反斜杠(\)开始,后跟一个或多个字符来表示一个特殊的字符。例如,'\t'表示制表符,'\b'表示退格等。

4. 字符串常量

字符串常量是用双引号括起来的字符序列,如"Hello,World!"。

注意:字符串常量在内存中实际上是一个字符数组,并且末尾有一个空字符(\0)作为结束标志。

5. #define 定义的常量

在 C 语言中,可以使用 #define 预处理指令来定义常量。这种方式定义的常量在编译时会被替换为对应的值。如 #define PI 3.14159。

【示例 1】 常量示例。

```
#include<stdio.h>
#define C1 'G'
#define C2 'o'
#define C3 'o'
#define C4 'd'
main()
{
    printf("Characters: %c %c %c %c", C1, C2, C3, C4);
}
```

程序运行结果:

```
Characters: G o o d
```

解析:本示例先定义四个字符常量,然后以字符输出。

想一想

已知圆的半径为 r,如何计算圆的面积?

编写并调试程序。

_____

_____

_____

_____

知识点 2:变量

在程序运行的过程中,可以改变值的量称为变量。变量是用于存储和表示数据的容器,是程序中数据处理和交互的核心。

1. 命名规则

变量名由字母、数字和下画线组成,且第一个字符必须是字母或下画线。

变量名不能与 C 语言的关键字同名。

变量名对大小写敏感。

2. 数据类型

C 语言中的变量需要指定数据类型,以确定变量可以存储的数据类型。常见的数据类型如下:

```
int(整型) int a = 10;
float(单精度浮点型)float e = 3.14f;
double(双精度浮点型) double f = 3.141592653589793;
char(字符型)char g = 'A';
```

3. 声明和初始化

在 C 语言中,变量的声明包括指定数据类型和变量名,初始化是为变量赋予初始值。变量必须在使用之前声明,但可以选择性地初始化。

4. 作用域

局部变量:在函数内部声明的变量,其作用域仅限于该函数内部。

全局变量:在函数外部声明的变量,其作用域为整个程序。

【示例 2】 变量示例。

```
#include<stdio.h>
main()
{
    char a = 'C',b = 'H',c = 'I',d = 'N',e = 'A';
    printf("%c%c%c%c%c\n",a,b,c,d,e);
}
```

程序运行结果:

```
CHINA
```

解析:本示例定义了五个字符型变量,分别赋值,按照顺序输出五个字符。

想一想

如何修改示例 2 程序使输出结果为 ANIHC?

修改并调试程序。

_____

_____

_____

_____

任务实施

实例 1:已知圆的半径 r 为 4.0,求圆的周长 c 和圆球体积 v。

1. 实例分析

按照题目描述,已知半径为常量,圆的周长和圆球体积可以通过公式求得。

2. 操作步骤

(1) 定义常量 r 和 PI。

(2) 使用公式 c=2 * PI * r 计算周长。

(3) 使用公式 v=4/3 * PI * r * r * r 计算圆球体积。

```
#include<stdio.h>
#define PI 3.14159
```

```
_____
main()
{
    double c,v;
    _____
    printf("c = % f\nv = % f\n",c,v);
}
```

实例 2：小张正在管理自己的健康饮食,他会记录每天摄入的蛋白质和脂肪对应的卡路里数,请帮他计算卡路里总数并输出。

1. 实例分析

按照题目描述,定义三个变量,分别代表蛋白质、脂肪对应的卡路里数及卡路里总数。

2. 操作步骤

(1) 为蛋白质及脂肪对应的卡路里数及卡路里总数分别设定变量 danbaizhi、zhifang 及 kaluli。

(2) 计算卡路里总数并输出。

(3) 按要求写出程序。

```
# include < stdio. h>
main()
{



}
```

任务测试

根据任务 2 所学内容,完成下列测试。

1. 下列正确的字符串常量是(　　)。

   A. "\'\'\'\"　　　　　B. 'abc'　　　　　C. 5G network　　　D. '\b'

2. 下列符号串与 12.34 不相同的常量是(　　)。

   A. "12.34"　　　B. .1234e2　　　C. 1234e－2　　　D. 1.234e1

3. 下列正确的浮点型常量是(　　)。

   A. 10　　　　　B. 3.650　　　　C. 6.168e　　　D. $0.638X10^3$

4. 下列合法的变量名是(　　)。

   A. abc－12　　　B. abc123　　　C. 123abc　　　D. abc.123

5. 下列的变量声明正确的是(　　)。

   A. int a＝b＝0;　　B. double float c,d;　　C. double e;　　D. char:f;

任务 3　基本数据类型

任务描述

C 语言提供了不同类型的数据,本任务将通过介绍整型、浮点型、字符型等基本数据类型,使学生能够掌握 C 语言中整型、浮点型、字符型等基本数据类型的特点及使用方法。

任务准备

知识点：基本数据类型

基本数据类型是 C 语言中最基础的数据类型，用于表示简单的数据。它们包括整型、浮点型和字符型。整型用于表示整数，可以分为有符号整型（int）和无符号整型（unsigned int）。浮点型用于表示带有小数部分的数值，可以分为单精度浮点型（float）和双精度浮点型（double），如表 2-6 所示。

表 2-6　基本数据类型

类　　型	符号	关　键　字	长度/B	数的表示范围
整型	有	(signed) int	2	$-2^{15} \sim +2^{15}-1(-32768 \sim 32767)$
		(signed) short int	2	$-2^{15} \sim +2^{15}-1(-32768 \sim 32767)$
		(signed) long int	4	$-2^{31} \sim +2^{31}-1(-2147483648 \sim 2147483647)$
	无	unsigned int	2	$0 \sim 2^{16}-1(0 \sim 65535)$
		unsigned short int	2	$0 \sim 2^{16}-1(0 \sim 65535)$
		unsigned long int	4	$0 \sim 2^{32}-1(0 \sim 4294967295)$
浮点型	有	float	4	$3.4e^{-38} \sim 3.4e^{38}$
		double	8	$1.7e^{-308} \sim 1.7e^{308}$
字符型	有	char	1	$-2^8 \sim 2^8-1(-128 \sim 127)$
	无	unsigned char	1	$0 \sim 2^8-1(0 \sim 255)$

注意：C 语言标准并没有规定所有数据类型的确切大小，这取决于具体的编译器和平台。在编写跨平台代码时，应当考虑这一点。另外，字符型数据是整型数据的一种，只不过其特殊之处是可以用来表示字符。存储字符时，实际存储的值为该字符的 ASCII 码值。除输入/输出外，字符型数据的计算与整型相同。

【示例】　浮点型数据示例。

```
#include<stdio.h>
main()
{
    float x,y,z;
    x=10;
    y=20;
    z=x+y;
    printf("x+y=%f\n",z);
}
```

程序运行结果：

```
x+y=30.000000
```

解析：本示例的 x、y、z 均为浮点型数据，其值的输出结果保留 6 位小数。

想一想

以下程序的运行结果是什么？原因是什么？

```
#include <stdio.h>
main()
{
    char x, y;
      x = 255;
      y = x + 1;
      printf("%d\n", y);
}
```

(1) 运行结果。

_____

(2) 分析原因。

_____

任务实施

实例 1：已知变量 a、b 为有符号整型数据，变量 x 为无符号整型数据，变量 c 的值为 a 与 x 的和，变量 d 的值为 b 与 x 的和，输出 c 和 d 的值。

1. 实例分析

该实例涉及四个变量，分别设置相应的数据类型，设置变量 c 和 d 的值。

2. 操作步骤

(1) 定义变量 a、b、c、d 为有符号整型数据，变量 x 为无符号整型数据。

(2) 设置变量 c 的值为 a+x，变量 d 的值为 b+x。

(3) 补全程序，实现功能。

```
#include <stdio.h>
main()
{
    _____;
    _____;
    a = 43;
    b = 12;
    x = 4;
    _____;
    _____;
    printf("c = %d d = %d\n", c, d);
}
```

实例 2：中国累计建成的 5G 基站数量已超过 383.7 万个，占全球 5G 基站总量的 60% 以上。那么全球 5G 基站总量大约为多少？

1. 实例分析

按照题目描述，用我国累计建成的 5G 基站数量与占全球 5G 基站总量的比值相除可以得到全球 5G 基站总量。

2. 操作步骤

(1) 为我国累计建成的 5G 基站数量设定变量 a，占全球 5G 基站总量的比值设定变量 b，全球 5G 基站总量设定变量 c。

（2）变量 c 的值为 a 与 b 相除的结果。

（3）按要求写出程序。

```
#include<stdio.h>
main()
{



}
```

📖 **任务测试**

根据任务 3 所学内容，完成下列测试。

1. 以下选项中不属于 C 语言的数据类型的是（　　　）。

    A. signed short int   B. unsigned long int

    C. unsigned char   D. signed long short

2. 以下选项中属于 C 语言的数据类型是（　　　）。

    A. 复数型   B. 小数型   C. 浮点型   D. 集合型

3. 在 C 语言中，char 数据类型所占的字节数是（　　　）个。

    A. 4   B. 1   C. 2   D. 8

4. C 语言中，unsigned short int 数据在内存中占 2 字节，则数据的取值范围为（　　　）。

    A. 0～255   B. 0～32767   C. 0～65535   D. 0～2147483647

5. 已知字母 A 的 ASCII 码值是 65，以下程序的运行结果为（　　　）。

```
main(){
    char c1 = 'A',c2 = 'C';
    printf("%d, %d",c1,c2); }
```

    A. 65,67   B. 65,66   C. 输出错误信息   D. A,B

任务4　运算符与表达式

📚 **任务描述**

    C 语言提供的运算符十分丰富，主要有算术运算符、关系运算符、逻辑运算符等。由运算对象和运算符按照一定规则连接起来有意义的式子是表达式，表达式中可以包含运算符、常量、变量和函数调用等。本任务将通过介绍基本运算符和表达式的构成，以及运算符的优先级和结合性，使学生能够使用运算符和表达式解决实际问题。

📜 **任务准备**

    C 语言运算符和表达式用于执行计算和操作，是编程中重要的基本组成部分，是实现程序逻辑和数据处理的基础。

知识点 1：运算符

运算符包括算术运算符、关系运算符、逻辑运算符、条件运算符、赋值运算符和逗号运算符等。

1. 算术运算符

算术运算符用于执行常见的数学运算，如加法、减法、乘法、除法、取模、递增和递减运算符。

1）加法运算符

加法运算符用于两个数值相加，例如：

```
int a = 5; int b = 3; int sum = a + b;          //sum = 8
```

2）减法运算符

减法运算符用于两个数值相减，例如：

```
int a = 5; int b = 3; int sub = a - b;          //sub = 2
```

3）乘法运算符

乘法运算符用于两个数值相乘，例如：

```
int mul = a * b;          //mul = 15
```

4）除法运算符

除法运算符用于两个数值相除，结果是商的整数部分（即向下取整）。例如：

```
int div = a/b;          //div = 1
```

5）取模运算符

取模运算符又称模数运算符或余数运算符，用于获取两个数值相除的余数。例如：

```
int rem = a % b;          //rem = 2
```

6）递增运算符

递增运算符分为前缀递增和后缀递增。前缀递增（++variable）：先递增变量，然后返回递增后的值。后缀递增（variable++）：先返回变量的原始值，然后递增变量。例如：

```
int x = 5; int y = ++x;          //x = 6, y = 6
int x = 5; int z = x++;          //x = 6, z = 5
```

7）递减运算符

递减运算符分为前缀递减和后缀递减。前缀递减（--variable）：先递减变量，然后返回递减后的值。后缀递减（variable--）：先返回变量的原始值，然后递减变量。例如：

```
int p = 5; int q = --p;          //p = 4, q = 4
int p = 5; int r = p--;          //p = 4, r = 5
```

注意：递增和递减运算符在表达式中的位置（前缀或后缀）会影响其操作数和返回值。

算术运算符的结合性都是"从左到右"，即"左结合性"。如果一个运算对象两侧的运算符的优先级相同，则按规定的"结合方向"处理。圆括号（()）可以改变运算次序，在对表达式求值时,按运算符优先级的高低次序进行:先乘除,后加减。

2. 关系运算符

关系运算符用于比较两个值的大小或是否相等,并返回一个布尔值(通常是以整数值1(真)或0(假)的形式返回的),详见项目4相关内容。

3. 逻辑运算符

逻辑运算符用于比较或组合布尔值(即真或假),逻辑运算符的结果始终是一个布尔值,即真(true,非0)或假(false,0)。逻辑运算符有三种:逻辑与(&&)、逻辑或(||)和逻辑非(!),详见项目4相关内容。

4. 条件运算符

条件运算符又称三元运算符,它需要三个操作数。这个运算符允许在单个表达式中测试一个条件,并根据该条件的结果来返回两个值中的一个,详见项目4相关内容。

5. 赋值运算符

赋值运算符用于给变量分配一个值。赋值分为基本赋值和复合赋值两种类型。

1) 基本赋值

基本赋值使用等号(=)将右侧的值赋给左侧的变量。例如:

```
int a;
a = 10;                          //将10赋值给变量a
```

2) 复合赋值

C语言提供了几种复合赋值运算符,它们是基本赋值运算符与其他运算符(如加、减、乘、除等)的组合。使用这些复合赋值运算符可以使代码更简洁。

+=:加等于

-=:减等于

*=:乘等于

/=:除等于

%=:取模等于

例如:

```
int b = 5;
b += 3;                          //相当于b = b + 3;
b *= 2;                          //相当于b = b * 2;
```

注意:赋值运算符是"从右到左",即"右结合性",它自右向左进行运算,即将右边的值"赋给"左侧的变量。另外在赋值时,如果右侧的值与左侧变量的类型不匹配,可能会进行隐式类型转换(又称自动类型转换)。这种转换可能会导致数据丢失或精度下降,因此应谨慎使用。

6. 逗号运算符

逗号运算符是一个二元运算符,它按照从左到右的顺序评估其两个操作数,即先评估其左侧的操作数,然后评估其右侧的操作数,并返回最右侧操作数的值。在逗号运算符的两侧,可以放置任何合法的表达式,包括函数调用、赋值语句等。逗号运算符常用于在同一语句中顺序执行多个操作,并可作为宏定义、循环或函数调用中的参数分隔符,例如:

```
int a = 5, b = 10;
int result = (a = a + 1, b = b - 1, a + b);        //a 变为 6, b 变为 9, result 为 15
```

在这个例子中,逗号运算符首先计算并执行 a＝a+1(a 变为 6),然后计算并执行 b＝b-1 (b 变为 9),最后返回 a+b 的值(即 15),并将这个值赋给 result。

注意:运算符的结合性和优先级是编写程序时需要考虑的重要因素,详见附录 3。

【示例 1】 除法运算符示例。

```
# include < stdio. h>
main()
{
    int a = 10;
    int b = 3;
    int div = a/b;
    printf("除法运算(整数除法): %d / %d = %d",a,b,div);
}
```

程序运行结果:

```
除法运算(整数除法): 10 / 3 = 3
```

解析:本示例中的 a、b 和 div 均为整型变量,所以 div 的值是整数 3。

想一想

将 int div＝a/b;修改为 float div＝a/b;,将 printf("除法运算(整数除法):％d/％d = ％d",a,b,div);修改为 printf("除法运算(整数除法):％d/％d=％f",a,b,div);,看看结果有什么变化?

(1) 写出输出结果。

_____

(2) 分析原因。

_____

知识点 2:表达式

表达式用于执行计算和操作,是一种有值的语法结构,它由运算符和常量、变量、函数调用返回值等结合而成,每个表达式有一个值。表达式包括算术表达式、关系表达式、逻辑表达式、条件表达式、赋值表达式、逗号表达式和复合表达式等。

(1) 算术表达式:执行数学运算,其值是计算的结果。例如:

```
a + b,c * d + e,f + 5 % 3,i++, -- j
```

(2) 关系表达式:比较两个值,其值为真或假(当表达式成立时返回 1,不成立时返回 0)。例如:

```
a > b, 2 == 3
```

详见项目 4 相关内容。

(3) 逻辑表达式:对条件进行逻辑运算,其值为真或假。例如:

```
a&&b(a 与 b),c||d(c 或 b),!a(非 a)
```

详见项目 4 相关内容。

（4）条件表达式：由条件运算符形成,执行条件判断语句,详见项目 4 相关内容。

（5）赋值表达式：将值赋给变量,其值是赋值完成后的值。例如：

```
a = 13,a += 11
```

（6）逗号表达式：其值为最右侧的表达式值。例如：

```
(1,2,3,4,a) ,a + 1,a * b,a++
```

（7）复合表达式：多个算术运算结合在一起。例如：

```
x = (y = (a + b + a > 4),z = 10)
```

其值依据运算符优先级和结合性得到。

【示例 2】 逗号表达式示例。

```
# include < stdio. h >
main()
{
  int a = (6,20);
  printf(" %d\n",a);
  int b = (a + 2,a * 8, 60 - 3);
  printf(" %d", b);
}
```

程序运行结果：

```
20
57
```

解析：本示例中 a 取逗号表达式最右侧的值 20,b 取表达式最右侧的值 57。

想一想

示例 2 中将第三条语句改为 int b＝(a＝15,a＋2, a * ＝3);。程序的运行结果是什么？
写出运行结果。

任务实施

实例 1：用 C 语言的表达式解决以下实际问题。

（1）x×y 为正数。

（2）a 能被 3 整除。

（3）a 个苹果平均分给 b 个人,还剩 c 个苹果。

（4）c 的值为 a 和 b 两个数差的平方。

（5）长方形的边长分别为 a 和 b,其面积为 c。

1. 实例分析

该实例中所列出的问题均为在实际编程中会遇到的真实问题。要解决这些问题，就要求把运算符和表达式综合使用起来。

2. 操作步骤

（1）x×y 为正数。

使用算术运算符 * 。

C 语言表达式为 _____。

（2）a 能被 3 整除。

使用算术运算符 % 。

C 语言表达式为 _____。

（3）a 个苹果平均分给 b 个人，还剩 c 个苹果。

使用算术运算符 % 。

C 语言表达式为 _____。

（4）c 的值为 a 和 b 两个数差的平方。

使用算术运算符 * 和 — 。

C 语言表达式为 _____。

（5）长方形的边长分别为 a 和 b，其面积为 c。

使用算术运算符 * 。

C 语言表达式为 _____。

实例 2：顾客在一家商店购物，购买了两件商品。计算顾客购买商品的总价，并根据总价来决定是否给予折扣。如果总价超过 100 元，给予 5% 的折扣，算出顾客购买商品的最终价格。

1. 实例分析

按照题目描述，计算总价，根据总价是否超过 100，决定是否给予折扣。总价超过 100，计算折扣，商品最终价格为总价减去折扣。

2. 操作步骤

（1）设置变量：为两件商品分别设置单价为 p1 和 p2，数量为 q1 和 q2，设置总价、最终价格和单价为 totalprice、finalprice 和 d。

（2）计算总价，根据总价是否超过 100，计算折扣。

（3）最终价格为总价减去折扣。

（4）按要求写出程序。

```
#include<stdio.h>
main()
{



}
```

任务测试

根据任务 4 所学内容,完成下列测试。

1. 以下属于赋值运算符的是( )。

    A. +=   B. ==   C. +   D. −

2. 表达式 5%2 + 3/2 的值是( )。

    A. 2   B. 3   C. 4   D. 5

3. 表达式 x=(y=5)+2 执行后,x 和 y 的值分别是( )。

    A. x=5,y=5   B. x=7,y=7   C. x=7,y=5   D. 表达式错误

4. 若 a、b 和 c 是 int 型变量,a=3,b=4,c=5,则以下表达式中值为 0 的是( )。

    A. 'a'&&'b'   B. a<=b

    C. a||b+c&&b−c   D. !((a<b)&&!c||1)

5. 若 t 为 double 型变量,执行逗号表达式 t=(x=0,x+5),t++;后,t 的值是( )。

    A. 1   B. 1.0   C. 2.0   D. 6.0

综 合 练 习

根据项目所学内容,完成下列练习。

一、单项选择题

1. 实现换行功能的转义字符为( )。

    A. '\n'   B. '\t'   C. '\f'   D. '\k'

2. 以下 C 语言标识符合法的是( )。

    A. −3y abc   B. name_1 Q_a   C. flow−1 print   D. #de main

3. 以下合法的浮点数是( )。

    A. 2e1.2   B. 123   C. −e3   D. .12e3

4. 以下合法的变量名是( )。

    A. xyz−12   B. xyz123   C. 123xyz   D. xyz.123

5. 要求参与运算的数据必须是整型的运算符是( )。

    A. !   B. /   C. %   D. &&

6. 以下运算符中级别最高的是( )。

    A. ()   B. %   C. *   D. ++

7. 表达式(a=3*5,a*6),a+15 的值是( )。

    A. 15   B. 30   C. 45   D. 90

8. 若有语句 int a=5,b;b=a++*2;,则表达式 a++*2 的值为( )。

    A. 5   B. 7   C. 10   D. 12

9. 以下程序段的运行结果是( )。

```
char a = '0', b = 'o';
printf("%c\n",(a++,++b));
```

    A. 0   B. P   C. o   D. p

10. 设有定义 int a＝6,b＝13;,则下列表达式中结果为 3 的是(　　)。
    A. (b％＝a)－(a％＝＝5);
               B. b％＝(a％＝5);
    C. b％＝(a－a％5);
               D. b％＝b－a％5;

二、填空题

1. 定义两个 double 型变量 x 和 y,并赋初值为 20 的变量定义语句为_____。
2. 转义字符'\b'的作用是_____,转义字符'\f'的作用是_____。
3. 用于表示那些在程序执行过程中不会改变的量是_____。
4. 标识符必须以_____或_____开始。
5. 存储字符时,实际存储的值为该字符的_____。
6. 基本数据类型是 C 语言中最基础的数据类型,用于表示简单的数据。它们包括_____。
7. 设 x 和 y 为 int 型变量,表达式 x＋＝y;y＝x－y;x－＝y; 的功能是_____。
8. 若有语句 int a＝5,b;b＝a＋＋＊2;,则表达式 a＋＋＊2 的值为_____。
9. 符号表达式(a＝4＊6,a＊6),a＋19 的值是_____。
10. 以下程序的输出结果是_____。

```
# include < stdio. h>
main()
{
    int x = 10,y = 10;
    printf("% d % d\n",x -- , -- y);
}
```

三、补全代码题

1. 已知变量 a 和 b 为整数,变量 c 为 a 与 b 取余的结果。

```
# include < stdio. h>
main()
{
    int a,b;
    a = 20;
    b = 3;
    _____
    printf("取余运算: % d %% % d = % d", a,b,c);
}
```

2. 已知变量 x 的值,变量 y 为 x 前缀递增的值,输出 y 的值。变量 z 为 x 后缀递增的值,输出 z 的值。

```
# include < stdio. h>
main()
{
    int x = 5;
    _____
    printf("前缀递增: y 的值是 % d",y);
    _____
    printf("后缀递增: z 的值是 % d",z);
}
```

3. 已知变量 x 的值,变量 y 为 x 前缀递减的值,输出 y 的值。变量 z 为 x 后缀递减的值,输出 z 的值。

```c
#include<stdio.h>
main()
{
    int x = 5;
    _____
    printf("前缀递减:y的值是 %d",y);
    _____
    printf("后缀递减:z的值是 %d",z);
}
```

4. 变量 a 和 b 为两个数,使用变量 c 完成两个数的交换。

```c
#include<stdio.h>
main()
{
    float a,b,c;
    a = 20.0;b = 10.5;
    _____
    _____
    printf("交换后 a = %f,b = %f\n",a,b);
}
```

5. 以下程序的功能是对输入的一个小写字母,将字母循环后移 5 个位置后输出,如字母 a 变成 f,字母 w 变成 b。

```c
#include<stdio.h>
main()
{
    char c;
    c = getchar();
    if(c >= 'a' && c <= 'u')
    _____
    else if(c >= 'v'&&c <= 'z')
    _____
    putchar(c);
}
```

四、编程题

1. 编写程序,输出由 * 组成的图案,如图 2-1 所示。

```
        *
      *   *
    *   *   *
      *   *
        *
```

图 2-1   * 组成的图案

2. 计算超市中四种水果单价的平均值。

3. 给定一个华氏温度 230℉,计算对应的摄氏温度,计算公式为 C＝5/9×(F－32),公式中 C 表示摄氏温度,F 表示华氏温度。

4. 求一个两位整数的个位数和十位数上的值。

5. 已知三角形的底和高,求其面积。

6. 编写程序,输出以下字符。

5G 的三大类应用场景分别为"增强移动宽带(eMBB)"、"超高可靠低时延通信(uRLLC)"、"机器类通信(mMTC)"。

7. 已知三个字符@、! 和 &,输出这三个字符及对应的 ASCII 码值。

8. 已知 x 的值,$y = x^2 + x^3/8$,求 y 的值。

9. 计算两个单精度数的乘积和商。

10. 编写程序,将小写字符转换为大写字母。

项目 3

顺序结构程序设计

项目 2 介绍了程序设计中用到的一些基本要素,如常量、变量、运算符以及表达式等,这些是构成 C 语言程序的基本成分。本项目将介绍编写程序所必需的一些内容:C 语言语句的作用和分类、赋值语句、基本输入和输出。最后,通过编写简单的顺序结构程序来巩固所学知识。

学习目标

◇ 知识目标
(1) 了解 C 语言语句的分类。
(2) 掌握各种类型数据的格式化输入/输出方法。
(3) 掌握字符数据的非格式化输入/输出方法。
(4) 理解 C 语言顺序执行过程。
(5) 掌握编写简单的顺序结构程序的方法。

◇ 能力目标
(1) 能够根据实际问题合理选取 C 语言语句设计程序。
(2) 能够使用顺序结构解决实际问题。

◇ 素养目标
(1) 培养学生团队合作、探索创新的能力。
(2) 践行职业精神,培养良好的职业品格和行为习惯。
(3) 提升学生的责任感和使命感。

项目描述

应用顺序结构解决实际问题

在实际生活中,经常会遇到一些按顺序依次进行处理的问题。例如,计算圆的面积的程序,需要先输入圆的半径,然后计算面积,最后输出结果。这些问题可以通过顺序结构来解决。顺序结构是程序设计中最基本的结构之一,其执行顺序是自上而下,依次执行。这种结构简单易懂,只要按照解决问题的顺序写出相应的语句即可。顺序结构可以独立使用构成一个简单的完整程序,也可以与其他结构一起构成复杂的程序。

在本项目的学习中,不仅要掌握顺序结构中 C 语言语句功能及分类、赋值语句、基本输入/输出和操作方法,更要树立勤于学习、勇于担当、甘于奉献,有过硬本领,担当历史重任的中坚力量的价值观,应当进一步增强对行业发展的责任感、使命感,不断提升自己,勇于担当,为技术的发展和社会的进步贡献力量。

掌握顺序结构能够帮助程序员更好地理解编程的基本逻辑,从而在解决复杂问题时能够有条不紊地进行。下面通过一个案例,了解顺序结构解决实际问题的方法。

【案例】 计算存款利息,假设有 1000 元,想存一年。有三种方法可选。

(1) 活期,年利率为 r_1。

(2) 一年期定期,年利率为 r_2。

(3) 存两次半年定期,年利率为 r_3。

($r_1 = 0.0036, r_2 = 0.0225, r_3 = 0.0198$)

请分别计算出一年后按三种方法所得到的本息和。

注意:存款金额及利率均需从键盘输入。

1. 目标分析

按照题目描述,关键是确定计算本息和的公式。从数学知识可知,若存款额为 p_0,则:

(1) 活期存款一年后本息和为 $p_1 = p_0(1 + r_1)$。

(2) 一年期定期存款,一年后本息和为 $p_2 = p_0(1 + r_2)$。

(3) 两次半年定期存款,一年后本息和为 $p_3 = p_0(1 + r_3/2)(1 + r_3/2)$。

2. 问题思考

(1) 如何设计输入提示信息和输入函数?

_____

(2) 如何设计为变量赋值的语句?

_____

(3) 如果设计输出函数?

_____

(4) 完成程序步骤的文字描述。

_____

_____

_____

任务 1　C 语言语句的作用和分类

📚 任务描述

本任务将主要介绍 C 语言语句的作用和分类,在此基础上,使学生更清晰地理解不同类型的语句在程序中扮演不同的角色,从而能更好地优化程序结构。

📜 任务准备

知识点:C 语言语句的作用和分类

1. C 语言语句的作用

C 语言程序是由函数构成的,而函数则是由语句构成的。一个实用的程序应当包含若干语句。

语句是编程者根据实际需要编写的代码行,用来向计算机系统发出操作指令,并完成一定的操作任务。

一个 C 语言程序应包括数据描述(由声明部分来实现)和数据操作(由执行部分即语句来实现)。

数据描述主要是定义数据结构(用数据类型来表示)和数据初值。例如:

```
int a = 10,b,c,n;
```

数据操作的任务是对已提供的数据进行加工。例如:

```
m = a * b * c;
```

2. C 语言语句的分类

C 语言语句可分为 5 类:表达式语句、空语句、复合语句、函数调用语句、控制语句。

1) 表达式语句

在一个表达式的后面加一个分号(;)就构成表达式语句。最常见的表达式语句是由赋值表达式加分号构成的赋值语句。例如:

a=5 是一个赋值表达式,而 a=5;是一个赋值语句。

i=i+2 是一个表达式,不是语句。而 i=i+2;是一个语句。

因此,任何表达式都可以加上分号而成为语句。表达式构成语句是 C 语言的一大特点,由于 C 语言程序中大多数语句是表达式语句,所以有人把 C 语言称为"表达式语言"。

注意:每一个语句必须以分号结束,分号是语句中不可缺少的一部分。如果一个语句最后没出现分号,在编译程序时将会出现语法错误。

2) 空语句

只有一个分号的语句称为空语句。例如:

```
;
```

一个空语句,它并不执行什么实际操作,通常被看成一种特殊情况下的表达式语句,常用来作为程序跳转时的转向位置标记或循环语句中的循环体。例如:

```
# include < stdio. h >
void main()
{for(int i = 1;i <= 100;i++)          //循环结构重复执行一组语句
;
}
```

本程序没有实质性的输出,仅起到一定的延时作用。

3) 复合语句

由一对大括号({})把若干语句括起来的一组语句称为复合语句。复合语句的一般形式如下:

```
{
    执行语句组
}
```

复合语句在语法上相当于一个单一语句,凡使用单一语句的位置都可以使用复合语句。例如,函数的函数体中、循环语句的循环体中等。

复合语句的使用方式是：当单一语句位置上的功能必须用多个语句才能实现时，就需要使用复合语句。

```
# include < stdio. h>
main()
{int a,n;
    scanf(" % d",&a);
    if(a>0)                    //以下输入 a 为正数时执行的复合语句
        {    n = 1;
            printf("a 是一个正数");
        }
    else if(a<0)               //以下输入 a 为负数时执行的复合语句
        {    n = -1;
            printf("a 是一个负数");
        }
        else                   //以下输入 a 为 0 时执行的语句
        printf("a 是零");
}
```

程序中第 6～8 行和第 10～12 行用一对{}括起来部分是复合语句。复合语句被当作一个整体来执行。如果被执行，则其中包括的所有语句都将被执行；如果不被执行，则其中包括的所有语句都将不执行。

注意：复合语句中最后一个语句后面的分号不能忽略。C 语言中允许一行写几个语句，也允许把一个语句展开写在几行上，书写格式无固定要求。

4）函数调用语句

与表达式语句相似，在函数调用表达式后面加分号就构成了函数调用语句。这也是 C 语言中结构化程序设计的主要实现思路。例如：

```
# include < stdio. h>
main()
{
    printf("北京欢迎您!");      //调用 printf()函数
}
```

C 语言程序的主体是函数，函数调用语句是使用函数最直接的手段。

5）控制语句

在一个程序中可以包含各种类型的控制语句，用以改变程序的执行顺序，控制 C 语言程序的执行流程。在程序执行过程中，可以有选择地执行一些语句，也可以跳转到一些特定的语句行执行，还可以根据需要重复执行一些语句。

C 语言中共有以下 9 种流程控制语句。

（1）if-else：条件语句。

（2）for：循环语句。

（3）while：循环语句。

（4）do-while：循环语句。

（5）continue：结束本次循环语句。

（6）break：中止执行 switch 语句或循环语句。

（7）switch：开关语句（多分支结构）。

（8）goto：转向语句。

（9）return：从函数返回语句。

【示例】 编写一个程序，求长方体的体积。设长方体的长为 10m、宽为 5m、高为 2m。

```
# include < stdio.h >
main()
{
    int a = 10,b,c,m;
    b = 5;
    c = 2;
    m = a * b * c;
    printf("m = % d\n",m);
}
```

程序运行结果：

```
m = 100
```

想一想

将上示例修改为：求一个半径为 5 的圆的面积和周长，看看应当如何修改这个程序？调试并写出输出结果。

任务实施

实例 1：输入一个四位整数，求各位数字之和（如 1234，则结果为 $1+2+3+4=10$）。

1. 实例分析

按照题目描述，需要从键盘输入一个四位整数，这就需要调用输入函数 scanf() 来实现，然后需要用模除 10 求出个位数字，将这个四位数除以 10 后再用模除 10 得到十位数字，然后以此类推来求出百位数字和千位数字。然后将这几个数字相加得出各位数字之和。

注意：程序实现要注意模除和除法的不同。

2. 操作步骤

（1）定义变量 n、a、b、c、d、m。

（2）输入这个四位数 n。

（3）利用模除和除法来求出各位数字 a、b、c、d，并求各位数字之和 m。

（4）补全程序，调试并运行程序。

```
# include < stdio.h >
main()
{int n,a,b,c,d,m;
    scanf(" % d",&n);
    a = n % 10;
    b = (n/10) % 10;
    c = (n/100) % 10;
    d = _____;
    m = _____;
    printf(" % d, % d+ % d+ % d+ % d= % d\n ",n,a,b,c,d,m);
}
```

如果输入 123,则输出结果为:_____

实例 2:输入一个华氏温度表示的温度值,将其转换为摄氏温度表示的温度值。

转换公式为

$$C=5/9×(F-32)$$

1. 实例分析

按照题目描述,输入一个华氏温度的值,这需要调用输入函数 scanf() 来实现,然后用公式 $C=5/9×(F-32)$ 将华氏温度转化为摄氏温度,最后调用 printf() 函数来完成结果的输出。

注意:公式中的 5/9 由于被除数和除数都是整数,所以结果是整数,此时 5/9=0,应该写成 5/9.0,这样才能使结果变成浮点型数据。

2. 操作步骤

(1) 为华氏温度和摄氏温度定义变量 F、C。

(2) 输入 F 的值。

(3) 运用转换公式求出摄氏温度。

(4) 补全程序,调试并运行程序。

```c
# include < stdio. h>
main ()
{float F,C;
    printf("请输入华氏温度 F:\n");
    scanf(" % f",&F);
    C = _____;
    printf("F = % f,C = % 5.2f\n",F,C);
}
```

任务测试

根据任务 1 所学内容,完成下列测试。

1. 在 C 语言的源代码中,当一条语句一行写不完时,可以(   )。

   A. 用分号换行
   B. 用逗号换行

   C. 用回车换行符换行
   D. 可在任意的分隔符或空格处换行

2. 结构化程序所要求的基本结构不包括(   )。

   A. 顺序结构
   B. goto 跳转

   C. 分支(选择)结构
   D. 循环(重复)结构

3. 以下程序段的运行结果是(   )。

```c
int a = 29;
a += a % = 8;
printf(" % d\n" ,a);
```

   A. 7   B. 8   C. 10   D. 16

4. 下列选项中,不正确的 C 语言语句是(   )。

   A. a=b=5;   B. ;   C. a=5,b=6   D. {c=a+b;}

5. 以下叙述中错误的是(   )。

   A. C 语言语句必须以分号结束

B. 复合语句在语法上被看作一条语句

C. 空语句出现在任何位置都不会影响程序运行

D. 赋值表达式末尾加分号就构成赋值语句

任务2 赋 值 语 句

任务描述

赋值语句是C语言中最基本的语句之一,本任务将通过介绍赋值语句的格式与功能,以及赋值语句中的类型转换,加深对C语言编程的理解和掌握程度,更好地简化代码,提高编程效率。

任务准备

知识点1:赋值语句的格式与功能

赋值语句是程序中最经常出现的语句,它的作用是对一个变量进行赋值。赋值就是将一个数据存入一段连续的具有若干个存储单元的存储空间中,该存储空间有一个名字,就是前面介绍的变量名。程序中通过变量名来使用这些存储空间,既可以通过变量名将某个数据存入,又可以通过变量名将已存入的数据读出。对一个变量进行定义,这个变量如果没有赋值,那么它的值是不确定的,所以对变量进行操作之前,应该对该变量进行赋值。

1. 赋值运算符的格式与功能

赋值语句是由赋值表达式和一个语句结束符(即;)组成的。它的一般形式如下:

```
变量 = 表达式;
```

这种语句实际上就是在赋值表达式后面加上一个;,它的功能是首先计算赋值号(=)右边表达式的值,然后将结果送给赋值号左边的变量。

如 a=2;的作用是执行一次赋值操作(或称赋值运算),把常量2赋给变量a。也可以将表达式的值赋给变量,如 x=3+a;,就是把表达式3+a的值赋给变量x。

注意:

(1) =不是等号,而是赋值号。赋值语句与算术中的等式是完全不同的。

(2) 虽然赋值号(=)是一个运算符,但由于它的操作是将右边表达式的值赋给左边的变量,因此,要求赋值号的左边一定是一个变量,而不能是常量或表达式。例如:

```
'A' = a + 1;
3 = x/2;
a + b = 12;
```

上述例子都是错误的。

(3) 字符型变量是将一个字符相应的ASCII码值存放到内存单元中。C语言中的字符型数据与整型数据之间可以通用。例如:

```
char c1,c2;      //定义两个字符型变量
c1 = 'a';
c2 = 97;
```

2．复合赋值运算符

为了简化程序并提高编译效率,在赋值运算符(=)之前加上其他运算符,可以构成复合赋值运算符。常用的复合赋值运算符有+=、−=、∗=、/=、%=、>>=、<<=、&=等。例如:

```
c += 30;        //相当于 c = c + 30;
c −= 20 ;       //相当于 c = c − 20;
i ∗ = a + b;    //相当于 i = i ∗ (a + b);
k / = 2;        //相当于 k = k / 2;
```

这些均为赋值语句,它们均可以作为一个单独的语句在程序中出现。

复合赋值运算符使得 C 语言表达式的表达方式更加精练和紧凑。

【示例 1】 将小写字母转换成大写字母。

```
# include < stdio. h >
main()
{char c1,c2;
    c1 = 'a';
    c2 = c1 − 32;
    printf(" % c, % c",c1,c2);
}
```

程序运行结果:

```
a,A
```

解析:本示例的赋值语句 c2 = c1 − 32;的作用是将 ASCII 码值为 97 的小写字母 a 转换成为 ASCII 码值为 65 的大写字母 A。

想一想

将示例 1 的例题改为:将小写字母右移 5 位,即 a→f,应当如何修改?

(1) 修改程序,调试并运行。

_____

_____

(2) 分析原因。

_____

知识点 2:赋值语句中的类型转换

当赋值语句(或赋值运算表达式)中=左边的变量与右边表达式的数据类型不一致时,编译系统会自动实现数据类型的转换,转换的原则是将赋值号右边的表达式值的类型转换成与左边变量相同的类型后再赋值。例如:

```
int a;
short b;
char c;
a = b;          //short 型变量 b 的值转换成 int 型后再赋给 a
b = c;          //char 型变量 c 的值转换成 short 型后再赋给 b
a = b + c;      //将 b 和 c 的值转换成 int 型后相加,再赋给 a
```

注意：

（1）对于不同类型的变量，由于其数据的长度不同，当左边变量的数据类型比右边表达式值的类型长时，转换后的值不会改变精度或准确度，只是改变值的表示形式。

（2）当右边表达式值的类型比左边变量的类型要长时，这种转换的结果会对右边的数据进行截取，仅取出与左边变量类型相同的长度，这意味着会丢失高位数据，因此，可能引起精度降低或出现错误结果。

【示例 2】 使用赋值语句编写程序。

```
#include<stdio.h>
main()
{
    double f ;
    int b = 200;
    char c;
    c = b;
    f = b;
    printf("b = %d,c = %d,f = %f\n",b,c,f);
}
```

程序运行结果：

```
b = 200,c = -56,f = 200.000000
```

解析：本示例将 int 型的 b 赋值给 char 型的 c，这时右边表达式值的类型比左边变量的类型要长，这种转换的结果会对右边的数据进行截取，仅取出与左边变量类型相同的长度，这意味着会丢失高位数据，因此，出现错误结果。而 int 型的 b 赋值给 double 型的 f，这时左边变量的数据类型比右边表达式值的类型长，转换后的值不会改变精度或准确度，只是改变值的表示形式。

想一想

示例 2 中能否将 char c;改为 float c;？

（1）调试并写出输出结果。

_____

（2）分析原因。

_____

任务实施

实例 1：输入 2 个整数，并将它们交换后输出。

1. 实例分析

按照题目描述，需要将输入的这两个整数进行交换，根据赋值语句的功能是首先计算赋值号（=）右边表达式的值，然后将结果送给赋值号左边的变量。如果只用两个变量来赋值，即 a=b;，将会导致变量 a 的原值被覆盖掉，为了保存 a 的原值，需要将这个原值放到第三个变量 t 中存储，然后 a=b;，然后再 b=t;。

2. 操作步骤

（1）定义变量 a、b、t。

（2）调用函数 scanf()输入变量 a、b 的值。

（3）利用赋值语句,将变量 a、b 的值通过中间变量 t 来互换。

（4）编写程序,实现功能。

```
# include < stdio. h>
main()
{


}
```

实例 2：输入一个三位数,然后将它反向输出。例如,若输入 123,则输出 321。

1. 实例分析

按照题目描述,需调用函数 scanf()输入三位整数到变量 a。求出这个三位数的个位数字赋值给变量 b,这就需用 a 模除 10 来实现,即 b＝a％10。然后,调用 printf()输出了。a＝a/10,将 a 变量原值覆盖,以此类推,再求现在变量 a 的个位数字并输出,最后完成这个三位整数的输出。

2. 操作步骤

（1）设定变量 a 存储这个三位数,变量 b 存储需要输出的各位数字。

（2）输入变量 a。

（3）利用模除和除法分别求出这个三位数的个位、十位、百位数字并输出。

（4）按要求写出程序。

```
# include < stdio. h>
main()
{


}
```

任务测试

根据任务 2 所学内容,完成下列测试。

1. 若变量均已正确定义并赋值,以下 C 语言赋值语句合法的是(   )。

    A. x＝n％2.5;   B. x＋n＝1;   C. x＝5＝4＋1;   D. x＝y＝5;

2. 若 x、y、z 都定义为 int 型且初值为 0,则以下赋值语句不正确的是(   )。

A. x＝y＝z＋10;   B. x＋＝y＋2;   C. z＋＋;   D. x＋y＋z;

3. 以下 C 语言赋值语句合法的是(   )。

A. a＝b＝8   B. k＝a＋b   C. a＝58,b＝58   D. －－i;

4. 以下叙述不正确的是(   )。

A. 在 C 语言中,逗号运算符的优先级最低

B. 在 C 语言中,APH 和 aph 是两个不同的变量

C. 若 a 和 b 类型相同,在计算了赋值表达式 a＝b 后 b 中的值将放入 a 中,而 b 中的值不变

D. 当输入数据时,对于整型变量只能输入整型数值,对于实型变量只能输入实型数值

5. C 语言并不是非常严格的算法语言,以下关于 C 语言的叙述中,错误的是(   )。

A. 任何不同数据类型都不可以通用

B. 有些不同类型的变量可以在一个表达式中运算

C. 在赋值表达式中赋值号(＝)左边的变量和右边的值可以是不同类型

D. 同一个运算符在不同的场合可以有不同的含义

任务 3　基本输入和输出

任务描述

从计算机输入设备向内存(变量地址)传送数据的过程称为输入,将主机中的数据传送到计算机输出设备的过程称为输出。C 语言本身不提供输入/输出语句,而是使用标准库函数实现数据输入/输出操作。本任务主要介绍 scanf()函数和 printf()函数的用法,以及专门用于单个字符的输入/输出函数,使学生掌握 C 语言程序中数据的输入和输出方法。

任务准备

使用标准库函数 scanf()函数、printf()函数以及单个字符的输入/输出函数实现数据输入/输出时,必须用预处理指令♯include 将相应的头文件包括到用户的程序中,输入/输出函数的头文件名为 stdio.h。

知识点 1: 数据的输出

1. 格式化输出函数 printf()

printf()函数是 C 语言系统提供的标准输出函数,功能是在终端(显示器终端)上按指定格式输出各种类型的数据。printf()函数的调用形式如下:

```
printf("格式控制字符串",输出项表)
```

如果在函数后面加上分号(;),就构成了输出语句,如 printf("a＝%d,b＝%f\n",a,b);。在这条输出语句中,printf 是函数名,用双引号括起来的字符串部分 a＝%d,b＝%f\n 是输出格式控制,决定了输出数据的内容和格式。a,b 为输出项。

1) 格式控制字符串

格式控制字符串可以包含三类字符。

（1）格式符，由％开头后跟格式符。其中格式符由 C 语言约定，作用是将输出的数据转换为指定的格式输出。C 语言约定的常用格式符及功能说明如表 3-1 所示。在某些系统中，可能不允许使用大写字母的格式符，因此为了使程序具有通用性，在写程序时应尽量不用大写字母的格式符。

表 3-1　C 语言约定的常用格式符及功能说明

格 式 符	功 能 说 明	格 式 符	功 能 说 明
％d	输出十进制整数	％ld	输出长整型数据
％f	输出单、双精度实数	％o	以八进制形式输出整数
％c	输出一个字符	％x	以十六进制形式输出整数
％s	输出字符串	％e	以指数形式输出实数

（2）普通字符，在格式控制字符串中除了格式符和转义字符外，需要原样输出的文字或字符（包括空格）。

（3）转义字符，为了输出结果清晰，便于阅读，需要在格式控制字符串中加上如回车符（'\r'）、换行符（'\n'）等转义字符来控制输出结果的显示格式。

2）输出项表

输出项表可以是要输出的任意合法的常量、变量或表达式，各输出项之间必须用逗号隔开。此外，printf() 函数可以没有输出项，函数的调用形式将为 printf("格式控制字符串")，输出结果就是格式控制字符串中的固定字符串。如 printf("OK!");将输出字符串 OK!。

例如，通过以下程序段，分析 printf() 函数。

```
int a = 10,b = 9;
printf("％d ％d\n",a,b);
printf("a = ％d\n",a,b);
printf("a = ％d,b = ％d\n",a,b);
```

输出结果：

```
10 9
a = 10
a = 10,b = 9
```

说明：

（1）printf() 函数的输出格式为自由格式，可在两个数之间留逗号或空格，但要求格式字符与输出数据之间的个数、类型及顺序须一一对应。输出时除了格式符位置上用对应输出数据代替外，其他字符都原样输出。但若格式说明与输出项的类型不一一对应匹配，则不能正确输出，编译时也不会报错。若格式说明个数少于输出项个数，则多余的输出项不予输出；若格式说明个数多于输出项个数，则将输出一些毫无意义的数字乱码。

（2）在用 printf() 函数输出字符时，％c 用于输出字符本身，％d 则输出字符的 ASCII 码值。如果要输出％符号，可以在格式控制中用％％表示，将输出一个％符号。例如：

```
char ch = 'a';
printf("％c, ％d\n",ch,ch);
printf("％ ％c",ch);
```

输出结果：

```
a,97
% c
```

（3）实数输出时系统默认的小数位数为 6 位。例如：

```
float y = 456.789;
printf("% f, % e\n",y,y);
```

输出结果：

```
456.789001,4.567890e + 002
```

为了满足不同的输出要求,printf()函数允许指定输出数据的宽度以及对齐方式。附加的输出格式符及说明如表3-2所示。

表 3-2   附加的输出格式符及说明

格式符	说　　明
%m	按 m 宽度输出,右对齐,m 为正整数
%－m	按 m 宽度输出,左对齐,m 为正整数
%m.n	整个实型数宽度占 m 位,其中小数占 n 位; 对字符串,输出宽度占 m 位,只截取串中前 n 个字符,右对齐
%－m.n	整个实型数宽度占 m 位,其中小数占 n 位; 对字符串,输出宽度占 m 位,只截取串中前 n 个字符,左对齐

例如,通过下面程序,观察 printf()函数的输出结果。

```
# include < stdio. h>
main()
{int a = 12;
    float b = 1.5;
    printf("a= % 5d\ta= % -5d\n",a,a);
    printf("b= % f\tb= % 9.3f\tb= % -9.3f\n",b,b,b);
    printf("b= % e\tb= % 15.2e\tb= % -15.2e\n",b,b,b);
}
```

输出结果：

```
a = 12        a = 12
b = 1.500000   b = 1.500   b = 1.500
b = 1.500000e + 000       b = 1.50e + 000       b = 1.50e + 000
```

2. 字符输出函数 putchar()

putchar()是字符输出函数,在屏幕上输出一个字符。它的一般格式为 putchar(c),其中,参数 c 是待输出的字符,可以是字符常量、变量或字符表达式。如果参数为一个整型数据,将输出对应 ASCII 码值的字符。例如：

```
# include < stdio. h>
main()
{char ch = 'A';
```

```
    putchar(ch);
    putchar(32);
    putchar(ch + 32);
    putchar('\n');
    putchar(ch + 1);
    putchar('\n');
}
```

输出结果：

```
A a
B
```

【示例 1】　求三个整数的平均值 v＝(a＋b＋c)/3,在变量定义时给出初始化值 a＝3,
b＝4,c＝7,并输出 2 位小数。

```
# include < stdio.h>
main()
{
    int a = 3, b = 4, c = 7;
    float v;
    v = (a + b + c)/3.0;
    printf("三个整数的平均值: %5.2f",v);
}
```

程序运行结果：

```
三个整数的平均值: 4.67
```

解析：本示例要求三个整数的平均值,从公式 v＝(a＋b＋c)/3 可以看出,定义变量 v 的
类型应为 float 型,而且公式 v－(a＋b＋c)/3 应在程序中改为 v＝(a＋b＋c)/3.0,因为被除数
和除数均为整数时,其商为整数,若有一个为 float 型,则结果也变为 float 型。输出 2 位小数,
则应用 printf() 函数来输出,因为它允许指定输出数据的宽度以及对齐方式。

想一想

将示例 1 中输出改为：按指数形式输出实型数宽度占 15 位,其中小数占 3 位,看看应当
如何修改 printf() 函数？

调试并写出输出结果。

知识点 2：数据的输入

1. 格式化输入函数 scanf()

scanf() 是 C 语言提供的标准输入函数,其功能是从输入设备(通常为键盘设备)获取数
据,并送到变量的内存地址中。调用 scanf() 函数的一般格式如下：

```
scanf("格式控制字符串",输入项表)
```

例如,若 a 为整型变量,b 为实型变量,用来为变量 a 和 b 输入数据语句为 scanf("%d%f",

&a,&b);。

使用 scanf()函数,必须提供两种参数,即输入格式控制字符串和输入项表。

1) 格式控制字符串

scanf()函数的格式控制字符串中的常用格式符及功能说明如表 3-3 所示。

表 3-3   scanf()函数的格式控制字符串中的常用格式符及功能说明

格 式 符	功 能 说 明	格 式 符	功 能 说 明
%d	输入十进制整数	%ld	输入长整型数据
%f	输入单、双精度实数	%o	以八进制形式输入整数
%c	输入一个字符	%x	以十六进制形式输入整数
%s	输入字符串	%e	以指数形式输入实数

说明:格式控制字符串中一般不使用普通字符,输入多个数据中间用空格(或跳格和回车符)作为输入数据的间隔。也有许多用户愿意在格式控制符中间加逗号,输入数据时用逗号作为数据的间隔。

2) 输入项表

输入项表中的各项之间用逗号间隔,输入项必须是变量的地址,这就需要在变量名字前加取地址运算符 &。输入项的个数要与格式说明符的个数相同且输入项与对应的格式说明符的类型必须按顺序对应。

3) 输入数据的方法

(1) 用空格间隔数据,例如:

```
scanf("%d %f",&a,&b);
```

输入数据为:120 1.5<回车>(输入数据之间用空格间隔)。

(2) 用逗号间隔数据,例如:

```
scanf("%d,%f",&a,&b);
```

输入数据为:120,1.5<回车>(输入数据之间用逗号间隔)。

(3) 用其他字符间隔数据,例如:

```
scanf("%d#%d?%d",&a,&b,&c);
```

输入数据为:12#34?56<回车>,则 a=12,b=34,c=56。

(4) 输入数据带有提示信息,例如:

```
scanf("a=%d,b=%d,c=%d",&a,&b,&c);
```

实际上不能起到提示作用,反而带来麻烦,输入数据时必须记住格式控制字符串内容。输入数据必须为:a=12,b=34,c=56。

要达到提示输入数据的作用,可以在输入语句之前输出字符串信息,例如:

```
printf("为 a,b,c 输入三个整型数据,用逗号间隔。\n");
scanf("%d,%d,%d",&a,&b,&c);
```

程序运行结果：

```
为 a,b,c 输入三个整型数据,用逗号间隔。
12,34,56 <回车>
```

（5）当指定输入数据宽度（占用列数）时，系统自动截取所需数据。例如：

```
scanf("%3d%3d",&a,&b);
```

如果输入数据为：12345678 <回车>，则 a=123,b=456。

如果输入数据为：5 8 <回车>，则 a=5,b=8。空格作为数据的间隔，指定宽度不起作用。

（6）*格式字符，表示要跳过指定列数。例如：

```
scanf("%2d%*3d%2d",&a,&b);
```

如果输入数据为：1234567 <回车>，则 a=12,b=67。

4）注意问题

（1）输入项参数必须是变量的地址，不能使用变量。虽然语句 scanf("%d",a);在编译时能通过，但不能正确接收数据。

（2）格式符类型与输入项按顺序结合，类型要一一对应。如果类型不匹配，编译程序不做类型检查，接收的数据会发生错误。

（3）如果输入项与格式说明符个数不同时，scanf()函数将提前结束。

（4）输入实型数据时，不能限定输入数据的宽度与小数位数，如 scanf("%7.2f",&x);。

（5）输入数据字符序列中，空格、跳格和回车符都是一个数据项结束的标志。

2. 字符输入函数 getchar()

getchar()函数没有参数，作用是接收输入的一个字符。一般格式如下：

```
getchar();
```

在程序中使用这个函数输入字符时，可以用一个变量来接收读取的字符。例如：

```
c = getchar();
```

执行上面语句时，程序等待用户输入，当用户按下某个键时，变量 c 就得到了该键的代码值。例如：

```
#include <stdio.h>
main()
{char ch1,ch2;
    int a;
    ch1 = getchar();
    ch2 = getchar();
    scanf("%d",&a);
    printf("%c%c,%d\n",ch1,ch2,a);
}
```

若输入数据为 as123 <回车>，则输出为 as,123。

说明：getchar()函数只能接收一个字符。当只有一个 getchar()函数时，输入一个字符并按回车键后,字符才能被接收。如果有两个连续的 getchar()函数,两个字符必须连续输完再按回车键,或继续输入其他数据。就一个 getchar()函数而言,输入一个字符后必须按回车键。

对于上面的程序例子,如果按下面方式输入数据:

```
a<回车>
s<回车>
```

当输入第 2 个字符并按回车键后,程序就不再接收下一个整数了。因为 ch1 接收了字符'a',ch2 接收的字符为回车符,s 就作为整型变量 a 的值,但数据非法,因此结束了数据输入。

【示例 2】 编写程序,要求输入三角形的三条边(假设给定的三条边符合三角形的条件:任意两边之和大于第三边),计算三角形的面积并输出。

```
# include < stdio. h>
# include < math. h>
main()
{
    float a,b,c,s,area;                     //定义变量
    printf("请输入三角形三条边:\n");          //输出提示信息
    scanf("a = % f,b = % f,c = % f",&a,&b,&c);  //分别输入三条边长
    s = 1.0/2 * (a+b+c);                    //计算 s 的值
    area = sqrt(s * (s-a) * (s-b) * (s-c)); //计算三角形面积
    printf("area = %.4f\n",area);           //输出结果
}
```

程序运行结果:

```
a = 3,b = 4,c = 5
area = 6.0000
```

解析:解此题的关键是要找到求三角形面积的公式 $area = \sqrt{s(s-a)(s-b)(s-c)}$。其中,s=(a+b+c)/2,在程序执行的时候首先输出一句提示信息"请输入三角形三条边:",然后需要用户输入数据。用 scanf()函数输入数据时,在格式控制中的普通字符需要原样输入。第8行中计算 s 值时,用了 1.0/2 * (a+b+c),而不是 1/2 * (a+b+c),这是因为/运算中当两个都是整数时,即为整除,所以 1/2 的结果为 0。

第9行中,sqrt()函数的功能是求平方根。由于要调用数学函数库中的函数,因此,必须在程序开头加一条 #include 指令,把头文件 math. h 包含到程序中来。最后,用 printf()函数输出结果时,用了 %.4f 来限制输出结果保留 4 位小数。

想一想

将示例 2 中的 scanf("a=%f,b=%f,c=%f",&a,&b,&c);改成 scanf("%f%f%f",&a,&b,&c);。如果 a、b、c 的值分别为 3、4、5,如何输入?

(1) 修改并调试运行程序,写出输出结果。

(2) 根据输入,你发现了什么问题?

任务实施

实例 1：输入一个字符，求出其前后相邻的两个字符，然后按由大到小的顺序输出这三个字符及对应的 ASCII 码值。

1. 实例分析

输入字符的前面一个字符，其 ASCII 码值比此字符小 1。同样，后一个字符的 ASCII 码值比此字符大 1，对字符型变量进行算术运算时，使用的正是它们的 ASCII 码值，所以直接将输入的字符加 1 或减 1，就可以得到它前后的相邻字符。输出时，使用格式符 %c 可输出字符本身，而使用格式符 %d 则可输出字符对应的 ASCII 码值。

2. 操作步骤

(1) 设定三个字符型变量 c、cf、cb。

(2) 输入一个字符型变量到 c 中。

(3) 输入的字符加 1 或减 1，赋值给变量 cf、cb。

(4) 补全程序，实现功能。

```
# include < stdio.h >
main()
{



}
```

实例 2：输入一元二次方程 $5x^2+17x+8=0$ 的各项系数，求出它的根并输出，结果要求精确到 2 位小数。

1. 实例分析

根据题目要求，需要使用 scanf() 函数和 printf() 函数来完成输入和输出。利用一元二次方程求根公式 $x=\dfrac{-b\pm\sqrt{b^2-4ac}}{2a}$ 求解。

2. 操作步骤

(1) 定义浮点型变量 a、b、c、x1、x2。

(2) 输出提示信息并输入各项系数。

(3) 利用公式求解。

(4) 利用格式化输出函数 printf() 输出 x1、x2 的值。

(5) 补全程序，调试并运行。

```
# include < stdio.h >
# include < math.h >
```

```
main()
{



















}
```

🖥️ **任务 测试**

根据任务 3 所学内容,完成下列测试。

1. 以下程序段的输出结果为(   )。

```
char c = 'z';
printf("%c",c-25);
```

     A. a   B. Z   C. z-25   D. y

2. 已知 int a＝66;,下列语句不正确的是(   )。

     A. putchar('0'+'1');   B. putchar(-1);

     C. putchar("a");   D. putchar(a-1);

3. 已知 int A＝97;,下列语句不正确的是(   )。

     A. printf("%d",A);   B. printf("%c",A);

     C. printf("%f",A);   D. printf("%x",A);

4. 语句 printf("a\bwhat\'s\tyour\tname?\n");的输出结果是(   )。

     A. a\bwhat\'s\tyour\tname?   B. abwhat'syourname?

     C. what's your name?   D. awhat'syourname?

5. 以下程序段的输出结果为(   )。

```
main()
{ float x = 1234.56789;
printf("%5.2f",x) ; }
```

     A. 1234.5   B. 1234.56   C. 1234.57   D. 1234.567890

综 合 练 习

根据项目所学内容,完成下列练习。

一、单项选择题

1. 以下叙述中正确的是(   )。

     A. 在赋值表达式中,赋值号的右边可以是变量,也可以是任意表达式

     B. a 是实型变量,a=10 在 C 语言中是允许的,因此可以说实型变量中可以存放整型数

     C. 若有 int a＝4,b＝9;,执行了 a＝b 后,变量 a 的值已由原值改变为 b 的值,变量 b

的值变为 0

　　D. 若有 int a＝4,b＝9;,执行了 a＝b;b＝a 后,变量 a 的值为 9,变量 b 的值为 4

2. 已知 float a,b;scanf("％f,％f",&a,&b);,若想给变量 a 赋值为 3.1,给变量 b 赋值为 5.2,则正确的输入形式是(　　　)。

　　A. 3.1 5.2　　　　　　　　　　　　B. a＝3.1,b＝5.2

　　C. 3.1,5.2　　　　　　　　　　　　D. a＝3.100000,b＝5.200000

3. 执行语句 int a＝2;a＝(a＋'E'－'A')＊3;后,a 的值是(　　　)。

　　A. 18　　　　　　B. 12　　　　　　C. 8　　　　　　D. 20

4. 以下程序段输入 ABC <回车>后的输出结果是(　　　)。

```
char c;
scanf("％3c",&c);printf("％c",c);
```

　　A. ABC　　　　　　B. AB　　　　　　C. A　　　　　　D. 输入格式有错误

5. 已知字母 A 的 ASCII 码值是 65,以下程序段的输出结果是(　　　)。

```
main(){
char c1 = 'A',c2 = 'B';
printf("％d,％d",c1,c2); }
```

　　A. 65,66　　　　　　B. 65,64　　　　　　C. 输出错误信息　　　　D. A,B

6. 已知 ch 是字符型变量,下面赋值语句不正确的是(　　　)。

　　A. ch＝'a+b';　　　　B. ch＝'\0'　　　　C. ch＝'7'+'9';　　　　D. ch＝5+9;

7. 若有说明语句 char a;,则以下赋值语句不正确的是(　　　)。

　　A. a＝'\';　　　　B. a＝'\x41';　　　　C. a＝'\023';　　　　D. a＝'a';

8. 下面各项中,非法的赋值语句是(　　　)。

　　A. n＝(i＝2,++i);　　　　　　　　B. j++;

　　C. ++(i+1);　　　　　　　　　　D. x＝j>0;

9. 执行以下程序:int a;float b;scanf("a＝％d,b＝％f",&a,&b);,欲将 28 和 2.8 分别赋给 a 和 b,正确的输入方法是(　　　)。

　　A. 28 2.8　　　B. a＝28,b＝2.8　　　C. 28,2.8　　　D. a＝28 b＝2.8

10. 若有以下定义和语句:

```
int u = 010,v = 0x10,w = 10;
printf("％d,％d,％d",u,v,w);
```

则输出结果是(　　　)。

　　A. 8,16,10　　　B. 10,10,10　　　C. 8,8,10　　　D. 8,10,10

二、填空题

1. 只能向显示器输出一个字符的函数是_____,只能接收一个字符的函数是_____。

2. 若有以下输入语句:scanf("a＝％d,b＝％d,c＝％d,",&a,&b,&c);,为使变量 a 的值为 3,变量 b 的值为 5,变量 c 的值为 7,输入数据的正确格式是_____。

3. 当接收用户输入的含空格的字符串时,应使用的函数是_____。

4. 若变量已正确说明为 int 型,要给变量 a、b、c 输入数据,输入语句是_____。

5. 已知变量 a、b、c 为 float 型,执行语句 scanf("%f%f%f",&a,&b,&c);,使得变量 a 为 10,变量 b 为 20,变量 c 为 30,输入形式是_____。

6. 若输入 EFG,则以下程序段的输出结果是_____。

```
main()
{char ch;
    ch = getchar();
    putchar(ch); }
```

7. 以下程序段的输出结果为_____。

```
main()
{char c1 = 'a',c2 = 'b',c3 = 'c';
printf("a%cb%c\tc%c\n",c1,c2,c3); }
```

8. 以下程序段的输出结果为_____。

```
main(){
    float x = 3.6;
    int i;
    i = x;
    printf("x = %f,i = %d",x,i);}
```

9. 以下程序段的输出结果是_____。

```
i = 3;printf("%d,",++i);printf("%d",i++);
```

10. 以下程序段的输出结果是_____。

```
int y = 3,x = 3,z = 1;printf("%d%d",(++x,y++),z + 2);
```

三、补全代码题

1. 使用 pow() 函数对变量 a、b 求 a 的 b 次方(a^b),输出值保留一位小数。

```
# include < stdio.h >
# include < math.h >
main()
{
  float a,b;double y;
  _____   //输入 a
  _____   //输入 b
  _____   //求 y
  _____   //将 a、b、y 依次输出
}
```

2. 输入一个字符,输出它的 ASCII 码。

```
# include < stdio.h >
main(){
    _____ ch;
    printf("请输入一个字符:");
    scanf("_____",_____ );
    print("字符为_____,它的 ASCII 码为_____ ",
                _____ );}
```

3. 输入一个数,求其立方根,输出的结果保留三位小数。

```
# include < stdio.h >
_____
main( )
{_____ a;
    scanf(_____) ;
    printf("您输入的数为_____,其立方根为_____",
    a,_____) ;
}
```

4. 输入一个四位数的整数,依次输出它的个位、十位、百位和千位。

```
# include < stdio.h >
main( )
{int i;
    int a,b,c,d;
    printf("请输入一个四位数的整数:");
    scanf(_____);
    a = _____ ;
    b = _____ ;
    c = _____ ;
    d = _____ ;
    printf("%d的个位,十位,百位,千位依次是:%d,%d,%d,%d",_____ ) ;
}
```

5. 输入两个整数,计算两个数之差的绝对值并输出。

```
# include < stdio.h >
_____
main( )
{
    _____ a,b;
    printf("请输入两个整数:");
    _____
    _____
}
```

四、编程题

1. 已知三角形的两边 A、B 及其夹角 α,求第三边 C 及面积 S。公式如下:

$$C = \sqrt{A^2 + B^2 - 2AB\cos\alpha} \qquad S = \frac{1}{2}AB\sin\alpha$$

2. 输入一个三位数,求其个位数字、十位数字及百位数字之和。

3. 输入两个整数,计算两个数之差并输出。

4. 输入两个实数 x 和 y,求 xy+y 的值。

5. 输入两个整数,求它们的积、商以及余数。

6. 输入一个正数 x,求 x 的平方根。

7. 将十进制数 360 转换为八进制数和十六进制数并输出。

8. 输入两个实数 a、b,求幂 a^b,要求结果保留一位小数。

9. 输入一个角度值 x,求 sin(x),要求结果保留一位小数。

10. 编写一个程序,在显示"C Language"字符串后,隔一行,再显示隔列输出的单个字符'O'、'K'、'!'。

项目 4

选择结构程序设计

C语言是结构化程序设计语言,结构化程序设计的基本思想是:用顺序结构、选择结构、循环结构来构造程序,由这三种基本结构组成的程序能处理任何复杂的问题。本项目主要介绍可使程序根据给定条件有选择地执行对应语句的选择结构(又称分支结构),包括if、if-else、switch等选择结构,以及关系运算符和逻辑运算符等。通过案例练习,科普航天知识,增强学生的民族自豪感和认同感,融入航天精神和工匠精神。

学习目标

◇ **知识目标**

(1)掌握选择结构特点及流程图画法。

(2)掌握关系运算和逻辑运算。

(3)掌握 if 语句、if-else 语句、switch 语句的基本结构和使用方法。

(4)掌握 break 关键字。

◇ **能力目标**

(1)能够根据实际问题合理选取表达式设计程序。

(2)能够使用选择结构解决实际问题。

(3)了解选择结构设计规范。

◇ **素养目标**

(1)培养学生团队合作、探索创新的能力。

(2)践行职业精神,培养良好的职业品格和行为习惯。

(3)塑造学生严谨认真的工匠品质。

(4)科普航天知识,弘扬航天精神,提升学生的民族自豪感和认同感。

项目描述

应用选择结构解决判断问题

在实际生活中,经常会遇到一些基于一定条件进行判断的问题,如成绩低于 60 则为不合格、比较两个数大小、淘宝消费满 300 减 50 活动等。此类问题的处理过程,就是本项目所讲的选择结构处理过程。选择结构就是按照给定条件,让计算机判断是否满足该条件,并按不同的判断结果进行不同的处理。在实际编程过程中,通过分析题目,能正确设定判断条件并用程序实现,是掌握选择结构的关键环节。下面通过一个案例,练习一下分析题目判断条件的方法。

【案例】 小张是某科技公司的程序员,正在开发航天科普知识竞赛系统,系统中的"每日答题"专题模块填空题功能设置如下。设定题目"中国第一颗人造卫星东方红一号成功发射是哪一年?"。输入"1970",输出"恭喜你,回答正确!"。输入"1971",则输出"很遗憾,回答错误!中国第一颗人造卫星东方红一号成功发射是 1970 年。"。请实现程序功能。

1. 目标分析

按照题目描述,分析判断条件。当输入值是"1970"时,判断条件为真,输出"恭喜你,回答正确!"。当输入值不是"1970"时,判断条件为假,输出"很遗憾,回答错误! 中国第一颗人造卫星东方红一号成功发射是 1970 年。"。

2. 问题思考

(1) 如果程序输入"1970",该如何设计输入函数?

_____

(2) 该如何设计程序判断条件?

_____

(3) 如果程序输出"恭喜你,回答正确!",该如何设计输出函数?

_____

(4) 完成程序步骤的文字描述。

_____

_____

_____

任务 1　判　断　条　件

🍴 任务描述

本任务将从程序的选择结构入手,介绍选择结构的概述,在此基础上,通过对判断条件的分析,引入关系与逻辑运算,使学生掌握 C 语言程序的选择结构及实现方法。

📜 任务准备

选择结构又称分支结构,是结构化程序设计中应用较多的一种程序结构,在选择结构程序中,程序的执行顺序是:根据给定的条件,让计算机判断是否满足该条件,并按不同的判断结果进行不同的处理。

在 C 语言程序中用来实现选择结构的语句主要有 if 语句和 switch 语句,其中语句实现的重点是判断条件的设定。

知识点 1: 关系运算符和关系表达式

关系运算是逻辑运算中的一种,关系运算就是比较运算,即将两个值进行比较,判断是否符合或满足给定的条件。如果满足给定的条件,则关系运算的结果为真;如果不满足给定条件,则关系运算的结果为假。下面具体讲解关系运算符和关系表达式的语法知识。

1. 关系运算符

C 语言的关系运算符共有 6 个,如表 4-1 所示。

表 4-1   C 语言的关系运算符

运算符	名　称	应　用	功　能	优　先　级	
＞	大于	a＞b	a 大于 b	相同	高
＞＝	大于等于	a＞＝b	a 大于等于 b		
＜	小于	a＜b	a 小于 b		
＜＝	小于等于	a＜＝b	a 小于等于 b		
＝＝	等于	a＝＝b	a 等于 b		
！＝	不等于	a！＝b	a 不等于 b		低

关系运算符是双目运算符,结合方向是自左向右。关系运算符中
＞、＞＝、＜、＜＝优先级相同,高于相同级别的＝＝、！＝。

在选择结构的判断条件中,经常出现的有算术运算符、赋值运算符
和关系运算符。就这三类运算符来说,优先级由高到低排列为算术运算
符、关系运算符、赋值运算符,如图 4-1 所示。

算术运算符 ↑ 高
关系运算符
赋值运算符 ↓ 低

图 4-1　三类运算符
优先级

2. 关系表达式

关系表达式是用关系运算符将两个数值或者数组表达式连接起来
的式子,关系表达式的一般形式如下:

表达式 1 关系运算符 表达式 2

关系表达式的值是逻辑值,有真和假两种。在 C 语言中,用 1 表示真,用 0 表示假。例如:

```
3＞2 的值为真,即为 1
5＞4＝＝2 的值为假,即为 0
```

【示例 1】   关系表达式示例。

```c
#include<stdio.h>
main()
{
    int a=1,b=2,c=3;
    printf("%d\n",a<b);
    printf("%d\n",c%2==0);
}
```

程序运行结果:

```
1
0
```

📖 **想一想**

将示例 1 中表达式 c％2＝＝0 修改为 c％2,看看程序运行结果有什么变化?
调试并写出输出结果。

知识点 2：逻辑运算符和逻辑表达式

1．逻辑运算符

逻辑运算又称布尔运算，是数学符号化的逻辑推演方法。C 语言为逻辑运算提供了"&&"" | |""!" 3 个运算符，分别表示逻辑运算中的"逻辑与""逻辑或""逻辑非"。参与逻辑运算的操作数的取值只有真和假两种可能。由于 C 语言中数值类型的数据可以当作逻辑值看待，所以数值型数据也可以参与逻辑运算。数值类型数据参与逻辑运算时，使用"非 0 为真，0 为假"的原则进行转换。逻辑运算符及运算规则如表 4-2 所示。

表 4-2 逻辑运算符及运算规则

运算符	名　称	应　用	功　能	结　果
!	逻辑非	!a	非 a	如果 a 为真，则 !a 为假；如果 a 为假，则 !a 为真
&&	逻辑与	a&&b	a 与 b	如果 a 和 b 都为真，则结果为真，否则结果为假
||	逻辑或	a||b	a 或 b	如果 a 和 b 有一个以上为真，则结果为真，二者都为假时，结果为假

&& 和 | | 是双目运算符，它要求有两个运算对象(操作数)，如(a＞b)&&(b＞c)、(a＞b)| |(b＞c)，!是一目运算符，只要求有一个运算对象，如!a。

2．逻辑表达式

逻辑表达式是使用逻辑运算符连接起来的式子。逻辑表达式和关系表达式一样，通常用于选择结构的判断条件。C 语言中的三种逻辑表达式的一般形式如下：

```
表达式 1 && 表达式 2
表达式 1 | | 表达式 2
!表达式
```

例如：

```
表达式 2＞1&&2＞3 的结果是 0(逻辑假)
表达式 2＞1| |2＞3 的结果是 1(逻辑真)
表达式!2＞1 的结果是 0(逻辑假)
```

当逻辑表达式运算对象值为不同值时，各种逻辑运算的真假值如表 4-3 所示。

表 4-3 逻辑运算的真假值

a	b	!a	!b	a&&b	a||b
真	真	假	假	真	真
真	假	假	真	假	真
假	真	真	假	假	真
假	假	真	真	假	假

注意："逻辑与"和"逻辑或"的结合方向是自左向右。C 语言为了提高计算速度，为这两种运算设计了"短路计算"的方式。"短路计算"规定，计算"表达式 1&& 表达式 2"时，先计算表达式 1 的值，如果表达式 1 的值返回假，则表达式 2 的计算将被省略，原因是无论表示式 2 的值是真还是假，都不会影响整个逻辑表达式取值为假；类似地，计算"表达式 1| | 表达式 2"时，先计算表达式 1 的值，如果表达式 1 的值返回真，则表达式 2 的计算将被省略，整个逻辑

表达式返回真。例如：

> 表达式 1＞3&&3＞2 的结果是 0(逻辑假)
> 表达式 3＞1||2＞3 的结果是 1(逻辑真)

在一个逻辑表达式中如果包含多个逻辑运算符,例如,!a&&b||x＞y&&c,则按以下的优先次序运算。

(1) !(逻辑非)→&&(逻辑与)→||(逻辑或),即!为三者中最高的。

(2) 逻辑运算符中的 && 和||低于关系运算符,!高于算术运算符,如图 4-2 所示。

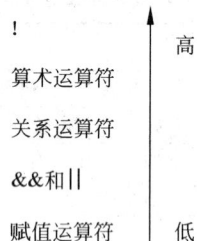

图 4-2　逻辑运算符与三类运算符优先级

【示例 2】　逻辑表达式示例。

```
#include<stdio.h>
main()
{
    int a=1,b=2,x=3,y=4;
    printf("%d\n",a<b&&x>y);
    printf("%d\n",!a||a<b);
}
```

程序运行结果：

```
0
1
```

📖 想一想

示例 2 中,表达式 a+b＞x&&y-1||!x+y/2 的值为多少？子表达式的计算优先级是什么？

调试并写出输出结果。

📚 任务实施

实例 1：用 C 语言的表达式解决以下实际问题。

(1) a 不等于 0。

(2) 数学表达式 1＜a＜10。

(3) a 为偶数。

(4) 三条线段 a、b、c 构成一个三角形。

（5）年份 y 是闰年。

1．实例分析

该实例中所列出的问题均为在实际编程中会遇到的真实问题。要解决这些问题，就要设置好判断条件。合理选取判断条件是完成选择结构程序设计的关键，这就要求把关系运算符、逻辑运算符综合使用起来。

2．操作步骤

（1）a 不等于 0。

不等于可以直接使用！＝来表示。

C 语言表达式为 _____。

（2）数学表达式 1＜a＜10。

该数学表达式的含义是 a 大于 1 并且 a 小于 10。

C 语言表达式为 _____。

（3）a 为偶数。

a 为偶数，则 a 被 2 整除的余数一定是 0。

C 语言表达式为 _____。

（4）三条线段 a、b、c 构成一个三角形。

三角形的特征之一是任意两边之和大于第三条边。

C 语言表达式为 _____。

（5）年份 y 是闰年。

判断闰年的条件：①公元年数如能被 4 整除，而不能被 100 整除，则是闰年；②公元年数能被 400 整除也是闰年。

C 语言表达式为 _____。

实例 2：判断一个字母是大写字母还是小写字母，要求输出以下信息，试画出流程图。

```
************************************************
请输入一个字母：A
A 是大写字母
************************************************
************************************************
请输入一个字母：a
a 是小写字母
************************************************
```

1．实例分析

判断大小写字母，其实就是判断该字母是否在"A"和"Z"之间或"a"和"z"之间，因此要使用关系运算符、逻辑运算符来实现。

2．操作步骤

（1）写出判断变量 a 是大写字母还是小写字母的表达式。

_____

（2）绘制流程图。

任务测试

根据任务 1 所学内容，完成下列测试。

1. 下列表达式中值为真的是（   ）。

    A．a＝0   B．b＝3＞4   C．b＝3＋4＝＝5   D．（float）1/2

2. 能表示数学式 x＜y＜z 的 C 语言表达式是（   ）。

    A．（x＜y）＆＆（y＜z）   B．（x＜y）and（y＜z）

    C．（x＜y＜z）   D．（x＜y）＆（y＜z）

3. 判断 char 型变量 ch 是否为大写字母的正确表达式是（   ）。

    A．'A'＜ch＜＝'Z'   B．（ch＞＝A）＆（ch＜＝'Z'）

    C．（ch＞＝'A'）＆＆（ch＜＝'Z'）   D．（'A'＜＝ch）AND（'Z'＜＝ch）

4. 设 int x＝1,y＝2;，则表达式（!x||y）的值是（   ）。

    A．0   B．1   C．2   D．−1

5. 设 a、b 和 c 都是 int 型变量，且 a＝7,b＝18,c＝29,则以下表达式中值为 0 的表达式是（   ）。

    A．a＜＝b   B．!(a＜b＆＆!c||1)

    C．a||b＋c＆＆b−c   D．a＆＆b

任务 2　单分支和双分支选择结构

任务描述

C 语言为选择结构程序设计提供了 if、if-else 以及 switch 三种语句，本任务将通过介绍 if 和 if-else 语句的使用方法，以及可代替简单 if-else 语句的条件表达式，使学生能够使用选择结构解决实际问题。

任务准备

知识点 1：单分支 if 语句

1. 语法格式

```
if（表达式）
    语句序列
```

2. 功能描述及流程图

如果表达式为真,则执行语句序列,否则不执行。可描述为"如果……",单分支 if 语句流程图如图 4-3 所示。

说明:

(1) 执行 if 语句时,先对表达式进行求值,如果表达式为真,则执行其后的语句序列,否则跳过其后的语句序列。

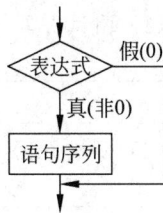

图 4-3　单分支 if 语句流程图

(2) 表达式可以为任何类型的表达式。

(3) 语句序列可以是一条简单的语句,也可以是用花括号将几条语句括起来。

【**示例 1**】　单分支 if 语句示例。

```
#include<stdio.h>
main()
{
    int year;
    printf("中国第一颗人造卫星东方红一号成功发射是哪一年?\n");
    scanf("%d", &year);
    if (year == 1970)
    {
        printf("恭喜你,回答正确!\n");
        printf("中国第一颗人造卫星东方红一号成功发射是%d年。\n",year);
    }
}
```

程序运行结果 1:

```
输入: 1970
输出: 恭喜你,回答正确!
     中国第一颗人造卫星东方红一号成功发射是 1970 年。
```

程序运行结果 2:

```
输入: 1971
无输出
```

解析:本示例的表达式是判断输入值是否等于 1970,输入 1970,表达式的值为真,程序输出花括号括起来的两条语句。输入 1971,表达式的值为假,跳过其后的语句序列,无输出信息。

📖 **想一想**

示例 1 中,将 if 语句中的大括号去掉,如下所示,程序运行结果会发生什么变化?

```
#include<stdio.h>
main()
{
    int year;
    printf("中国第一颗人造卫星东方红一号成功发射是哪一年?\n");
    scanf("%d", &year);
    if (year == 1970)
        printf("恭喜你,回答正确!\n");
        printf("中国第一颗人造卫星东方红一号成功发射是%d年。\n",year);
}
```

（1）调试并写出输出结果。

_____

（2）分析原因。

_____

知识点 2：双分支 if-else 语句

1. 语法格式

```
if (表达式)
    语句序列 1
else
    语句序列 2
```

2. 功能描述及流程图

如果表达式为真，则执行语句序列 1，否则执行语句序列 2。可描述为"如果……，否则……"，双分支 if-else 语句流程图如图 4-4 所示。

说明：

（1）执行 if-else 语句时，先对表达式进行求值，如果表达式为真，则执行语句序列 1；否则执行语句序列 2。

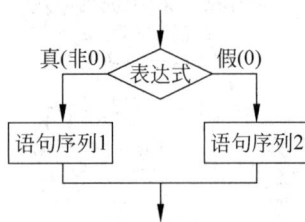

图 4-4　双分支 if-else
语句流程图

（2）表达式可以为任何类型的表达式。

（3）在 if 后面的语句序列 1 部分和 else 后面的语句序列 2 部分可以是一条简单的语句，也可以是用花括号将几条语句括起来。

（4）else 是 if-else 语句的一部分，else 不能作为语句单独使用。

（5）关于书写风格，建议使用缩进格式，以便清楚地看出哪些语句的执行依赖于表达式的真假。

【示例 2】 双分支 if-else 语句示例。

```
#include<stdio.h>
main()
{
    int year;
    printf("-------- 每日答题 --------\n");
    printf("中国第一颗人造卫星东方红一号成功发射是哪一年?\n");
    printf("请输入答案：");
    scanf("%d", &year);
    if (year == 1970)
        printf("恭喜你,回答正确!\n");
        else
        printf("很遗憾,回答错误!\n 中国第一颗人造卫星东方红一号成功发射是 1970 年。\n");
}
```

程序运行结果 1：

```
输入：1970
输出：恭喜你,回答正确!
```

程序运行结果 2：

> 输入：1971
> 输出：很遗憾，回答错误！
> 　　　中国第一颗人造卫星东方红一号成功发射是 1970 年。

解析：本示例的表达式是判断输入值是否等于 1970，输入 1970，表达式的值为真，程序执行 if 后面的语句序列 1，输出"恭喜你，回答正确！"。输入 1971，表达式的值为假，程序执行 else 后面的语句序列 2，输出"很遗憾，回答错误！中国第一颗人造卫星东方红一号成功发射是 1970 年。"。

想一想

示例 2 中能否将 if-else 语句改为 if 语句？
调试并写出修改后的 if 语句。

_____

_____

_____

_____

知识点 3：条件运算符和条件表达式

C 语言提供了条件运算符"?:"，用于形成条件表达式。条件表达式实现了"如果……，否则……"的逻辑，可在需要表达式的地方，代替简单的 if-else 双分支结构。

条件表达式就是由条件运算符将三个运算对象连接起来的式子，一般形式如下：

> 表达式 1? 表达式 2: 表达式 3

条件表达式的功能可以描述为：先判断表达式 1 是否为真，如果表达式 1 为真，则条件表达式的值就等于表达式 2；如果表达式 1 为假，则条件表达式的值就等于表达式 3。例如：

> 条件表达式 m = 1 > 3?1:3 的结果是 m = 3
> 条件表达式 m = 1 < 3?1:3 的结果是 m = 1

注意：

（1）条件运算符的优先级高于赋值运算符，低于关系运算符和算术运算符。

> x > y?x:y − 1 等价于 (x > y)?x:(y − 1)

（2）条件运算符的结合性是"右结合性"，即自右向左，可理解为先从右边开始加括号。例如：

> x > y?x:x == y?1:y − 1 等价于 (x > y)?x:((x == y)?1:(y − 1))

【示例 3】　条件表达式示例。

```
#include < stdio.h>
main()
{
    int score;
    printf("航天知识竞赛成绩：\n");
```

```
    scanf("%d", &score);
    score>=60? printf("恭喜你,已通关!\n");: printf("很遗憾,继续努力!\n");
}
```

程序运行结果 1:

输入:70
输出:恭喜你,已通关!

程序运行结果 2:

输入:56
输出:很遗憾,继续努力!

解析:本示例的表达式是判断输入值是否大于等于 60,输入 70,表达式的值为真,输出 "恭喜你,已通关!"。输入 56,表达式的值为假,输出"很遗憾,继续努力!"。

想一想

示例 3 中能否将条件表达式形式改为 if-else 语句?

调试并写出修改后的 if-else 语句。

_____

_____

_____

任务实施

实例 1:小张是某科技公司的程序员,正在开发航天科普知识竞赛系统,系统中的"每日答题"专题模块选择题功能设置如下。在(   )年,中国实现火星探测。

A. 2018   B. 2019   C. 2020   D. 2022

输入正确选项,显示答案是否正确。请实现程序。

1. 实例分析

按照题目描述,分析判断条件。输入数据为 C,输出"恭喜你,回答正确!"。否则输出"很遗憾,回答错误! 在 2020 年,中国实现火星探测。"。

注意:程序实现要注意变量数据类型的设定,比较数据大小时要注意 if-else 语句的语法格式,注意程序界面的美观及可读性。

2. 操作步骤

(1) 定义变量 y。

(2) 比较 y 是否是字符'C',设定表达式。

(3) 使用 if-else 语句相关知识,补全程序,实现功能。

```
#include<stdio.h>
main()
{
    _____ ;
    printf("-------- 每日答题 --------\n");
    printf("在_____年,中国实现火星探测。\n");
    printf("A.2018\nB.2019\nC.2020\nD.2022\n");
```

```
    printf("请输入答案：");
    scanf("_____", &y);
    if (_____)
        printf("恭喜你,回答正确!\n");
    else
        printf("很遗憾,回答错误!\n 在 2020 年,中国实现火星探测。\n");
}
```

实例 2：小张是某科技公司的程序员,正在开发航天科普知识竞赛系统,程序实现功能如下：参与竞赛的答题者可以挑战三次答题,找出这三次答题的航天成绩最高分。

1. 实例分析

按照题目描述,输入数据为答题者的三次航天成绩,输出数据为最高分。分析判断条件,可以先比较前两次的分数,找出最大值,再用最大值和第三次分数进行比较,找出最高分。

2. 操作步骤

（1）为三次成绩设定变量 a、b、c,代表三次航天成绩。

（2）设定一个代表最高分的变量 max。

（3）先比较前两次的成绩,找出最大值存入 max,再用 max 和第三次的成绩比较,找出最高分。

（4）按要求写出程序。

```
#include<stdio.h>
main()
{



}
```

📚 任务测试

根据任务 2 所学内容,完成下列测试。

1. 以下语句错误的是（　　）。

   A. if(x>y);

   B. if(x=y)&&(x!=0) x+=y;

   C. if(x!=y)scanf("%d",&x);else scanf("%d",&y);

   D. if(x>y){x++;y++;}

2. 已知 int a=1,b=2,c=3,d=4;则条件表达式 a>b?a:c<d?c:d 的值是（　　）。

   A. 4　　　　　　　B. 3　　　　　　　C. 2　　　　　　　D. 1

3. 已知 a=9,b=8,c=7,则执行下列程序段后,a、b、c 的值分别为（　　）。

```
if(a>c)
{ a=b;b=c;c=a; }
else
a=c;c=b;b=a;
```

A. 9,8,8   B. 9,8,7   C. 8,8,7   D. 8,7,8

4. 设整型变量 x、y、z 的值分别为 3、2、1,则下列程序段的输出是(   )。

```
if(x > y) x = y;
if(x > z) x = z;
printf("%d, %d, %d\n",x,y,z);
```

A. 3,2,1   B. 1,2,3   C. 1,2,1   D. 1,1,1

5. 假定 w、x、y、z、m 均为整型变量,且 w=1,x=2,y=3,z=4,则执行语句

```
m = (w < x)? w:x;
m = (m < y)? m:y;
m = (m < z)? m:z;后,
```

m 的值是(   )。

A. 4   B. 3   C. 2   D. 1

任务3   多分支选择结构

任务描述

顺序结构没有分支,if 语句有一个分支,if-else 语句有两个分支。如果程序中要表达多个分支,则可以嵌套使用 if 语句和 if-else 语句。另外,C 语言提供 switch 语句专门用于多分支选择结构。本任务将通过介绍嵌套使用 if 和 if-else 语句的使用方法,以及 switch 语句的使用方法,使学生能够掌握多分支选择结构的实现方法。

任务准备

知识点 1:if 语句和 if-else 语句的嵌套使用

在 if 语句或 if-else 语句的语句部分中可以包含一个或多个 if 语句或 if-else 语句。嵌套的形式是灵活的,所以能解决很多实际问题,下面以几种典型的嵌套形式来进行语法说明。

1. if 语句嵌套使用

1)语法格式

```
if (表达式 1) {if (表达式 2)   { 语句序列 A }
    else   { 语句序列 B }
}
```

2)功能描述及流程图

如果表达式 1 为真,则执行 if-else 语句,如果表达式 2 为真,则执行语句序列 A,如果表达式 2 为假,则执行语句序列 B;如果表达式 1 为假,则不执行。if 语句嵌套流程图如图 4-5 所示。

【示例 1】 if 语句嵌套使用示例。(某班级开展航天知识竞赛,输入学生的航天竞赛成绩,成绩必须不低于 0 分,才有效,判断航天竞赛成绩是否达标。)

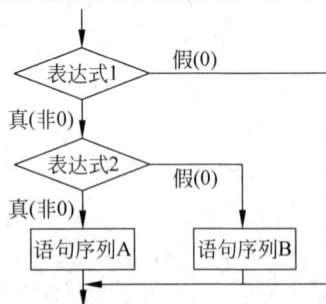

图 4-5 if 语句嵌套流程图

```
#include<stdio.h>
main()
{
    int score;
    printf("请输入你的航天竞赛成绩:\n");
    scanf("%d",&score);
    if(score>=0)
    {
        if(score>=60)
        printf("恭喜你,航天竞赛成绩已达标!\n");
        else
        printf("很遗憾,航天竞赛成绩未达标,请继续努力!\n");
    }
}
```

程序运行结果 1:

输入: 70
输出: 恭喜你,航天竞赛成绩已达标!

程序运行结果 2:

输入: 30
输出: 很遗憾,航天竞赛成绩未达标,请继续努力!

解析:本示例的表达式 1 是判断输入值是否大于等于 0。输入 70,表达式 1 的值为真,程序执行花括号括起来的 if-else 语句,表达式 2 的值为真,程序执行语句序列 A。输入 30,表达式 1 的值为真,表达式 2 的值为假,程序执行语句序列 B。

2. if-else 语句中 if 子语句嵌套使用

1) 语法格式

```
if(表达式 1) { if(表达式 2) { 语句序列 A }
    else { 语句序列 B }
}
else { 语句序列 C }
```

2) 功能描述及流程图

如果表达式 1 为真,则判断表达式 2,如果表达式 2 为真,则执行语句序列 A,如果表达式 2 为假,则执行语句序列 B;如果表达式 1 为假,则执行语句序列 C。if-else 语句中 if 子语句嵌套流程图如图 4-6 所示。

【示例 2】 if-else 语句中 if 子语句嵌套使用示例。(某班级开展航天知识竞赛,输入学生的航天竞赛成绩,成绩必须不低于 0 分,才有效,判断航天竞赛成绩是否达标。)

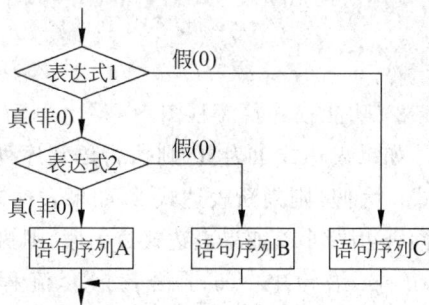

图 4-6 if-else 语句中 if 子语句嵌套流程图

```
#include<stdio.h>
main() {
```

```
int score;
printf("请输入你的航天竞赛成绩：\n");
scanf("%d", &score);
if (score >= 0) {
    if (score >= 60)
        printf("恭喜你,航天竞赛成绩已达标!\n");
    else
        printf("很遗憾,航天竞赛成绩未达标,请继续努力!\n");
} else
    printf("输入的航天竞赛成绩无效!\n");
}
```

程序运行结果 1：

输入：70
输出：恭喜你,航天竞赛成绩已达标!

程序运行结果 2：

输入：30
输出：很遗憾,航天竞赛成绩未达标,请继续努力!

程序运行结果 3：

输入：－1
输出：输入的航天竞赛成绩无效!

解析：本示例的表达式 1 是判断输入值是否大于等于 0，输入 70，表达式 1 的值为真，程序执行花括号括起来的 if-else 语句，表达式 2 的值为真，程序执行语句序列 A。输入－1，表达式 1 的值为假，程序执行语句序列 C。输入 30，表达式 1 的值为真，表达式 2 的值为假，程序执行语句序列 B。

3. if-else 语句中 else 子语句嵌套使用

1）语法格式

```
if (表达式 1) {语句序列 A}
    else {if (表达式 2) { 语句序列 B }
            else { 语句序列 C }
        }
```

2）功能描述及流程图

如果表达式 1 为真，则执行语句序列 A；如果表达式 1 为假，则判断表达式 2，如果表达式 2 为真，则执行语句序列 B，如果表达式 2 为假，则执行语句序列 C。if-else 语句中 else 子语句嵌套流程图如图 4-7 所示。

注意：在 if-else 语句的嵌套使用过程中，程序段中可能会出现多个 else，在分析语句结构时，else 总是与距离它最近并且没有配对的 if 是一组，构成 if-else 语句。

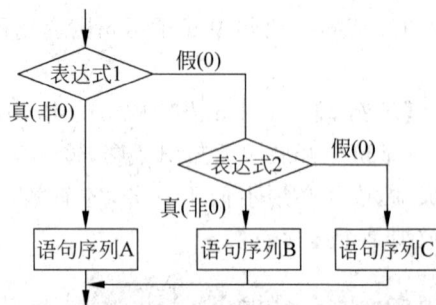

图 4-7 if-else 语句中 else 子语句嵌套流程图

【示例 3】 if-else 语句中 else 子语句嵌套使用示例。(某班级开展航天知识竞赛,输入学生的航天竞赛成绩,成绩低于 0 分,成绩无效。当成绩不低于 0 分时,判断航天竞赛成绩是否达标。)

```
#include< stdio.h>
main() {
    int score;
    printf("请输入你的航天竞赛成绩: \n");
    scanf("%d", &score);
        if (score < 0)
            printf("输入的航天竞赛成绩无效!\n");
        else if (score >= 60)
            printf("恭喜你,航天竞赛成绩已达标!\n");
        else
            printf("很遗憾,航天竞赛成绩未达标,请继续努力!\n");
}
```

程序运行结果 1:

输入: 70
输出: 恭喜你,航天竞赛成绩已达标!

程序运行结果 2:

输入: 30
输出: 很遗憾,航天竞赛成绩未达标,请继续努力!

程序运行结果 3:

输入: -1
输出: 输入的航天竞赛成绩无效!

解析:本示例的表达式 1 是判断输入值是否小于 0,输入-1,表达式 1 的值为真,程序执行语句序列 A;输入不低于 0 的值,则判断表达式 2,如果表达式 2 为真,程序执行语句序列 B,否则程序执行语句序列 C。

知识点 2:switch 语句

多分支选择可以使用 if 语句或 if-else 语句的嵌套结构来实现,但是嵌套易产生层数较多的 if 语句和 if-else 语句,尤其是多条 if-else 语句同时出现时,易造成混乱,从而出现语法错误。此时可引入 switch 语句来解决这个问题。switch 语句又称开关语句,专门用来处理多分支选择结构的问题,使用方便、灵活。

1. 语法格式

```
switch (表达式)
{
  case 常量 1: 语句序列 1; break;
  case 常量 2: 语句序列 2; break;
  case 常量 3: 语句序列 3; break;
  ...
  case 常量 n: 语句序列 n; break;
  default: 语句序列 n+1;
}
```

2. 功能描述及流程图

switch 语句的功能是:计算表达式的值,将该值与 case 后的所有常量(常量表达式)进行比较,如果与某个常量相等,则执行其后面的语句序列;如果都不相等,则执行 default 后面的语句序列。switch 语句流程图如图 4-8 所示。

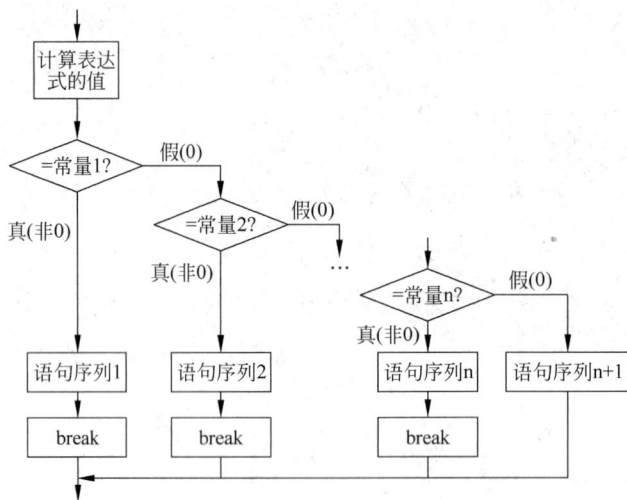

图 4-8   switch 语句流程图

3. 说明

(1) switch 后面的表达式,可以为任何类型,但必须与常量表达式类型匹配。

(2) 每一个 case 的常量表达式的值必须互不相同,否则就会出现互相矛盾的现象。

(3) 各个 case 和 default 的出现次序不影响执行结果。

(4) case 后面的语句序列可以省略花括号。

(5) 在 switch 分支结构中,如果对表达式的多个取值都执行相同的语句序列,则对应的多个 case 子语句可以共同使用同一语句序列。

(6) 如果在匹配的 case 的语句序列中没有 break 语句,那么程序将从此处开始,一直执行到 switch 语句结束,或者直到遇到 case 子语句中的 break 语句才跳出 switch 结构。

【示例 4】   switch 语句使用示例。某班级开展航天知识竞赛,输入学生的航天竞赛成绩等级(A、B、C、D),分别输出"优秀""良好""及格""不及格"等评语。

```c
#include <stdio.h>
main() {
    char grade;
    printf("请输入航天竞赛成绩的等级(A、B、C、D): \n");
    scanf("%c", &grade);
    switch (grade) {
        case 'A':
            printf("优秀\n");
            break;
        case 'B':
            printf("良好\n");
            break;
        case 'C':
            printf("及格\n");
            break;
        default:
            printf("不及格\n");
    }
}
```

程序运行结果 1：

输入：A
输出：优秀

程序运行结果 2：

输入：C
输出：及格

程序运行结果 3：

输入：D
输出：不及格

解析：本示例的表达式是输入的成绩等级，将该值与 case 后的所有常量进行比较，如果与某个常量相等，则执行其后面的语句序列。输入 A，程序执行 case 'A' 后面的语句序列，输出"优秀"；输入 D，case 后面的常量没有与其相等的，则程序执行 default 后面的语句序列，输出"不及格"。

想一想

示例 4 中，如果将 case 'A' 后面的 break 语句删除，如下所示，对程序的逻辑结构会有什么影响？

```c
#include<stdio.h>
main() {
    char grade;
    printf("请输入航天竞赛成绩的等级(A,B,C,D): \n");
    scanf("%c", &grade);
    switch (grade) {
        case 'A':
            printf("优秀\n");
        case 'B':
            printf("良好\n");
            break;
        case 'C':
            printf("及格\n");
            break;
        default:
            printf("不及格\n");
    }
}
```

(1) 调试程序，输入字母 A，写出输出结果。

(2) 根据输出结果，你发现了什么问题？请找出原因。

任务实施

实例 1:将航天竞赛的百分制成绩转换为等级制。百分制与等级制的对应关系是:90~100 分为优、80~89 分为良、70~79 分为中、60~69 分为及格、不足 60 分为不及格。编程实现,要求输出如下内容。

```
***********************************************
请输入航天竞赛成绩(百分制,整数): 85
对应等级为:良
***********************************************
```

1. 实例分析

按照题目描述,输入的数据为一个百分制成绩,输出数据为对应的成绩等级,对应关系在题干中已经给出,完成编程的关键问题是如何将百分制和等级制的对应关系表示成多分支选择结构,尤其要考虑到对于层数较多的多分支选择结构应优先选 switch 语句,并巧妙设计表达式使得分数段能转换为 switch 语句中的"常量",满足 switch 语句的语法结构。

2. 操作步骤

(1)设定一个整型变量,代表百分制成绩。

(2)设计表达式,将成绩与整数 10 做取整运算,使得一个分数段内的所有成绩经过表达式运算后都等于一个相同的常量。

(3)使用 switch 语句,实现百分制和等级制的对应关系转换,补全程序,实现功能。

```c
# include < stdio.h >
main() {
    int a;
    printf("*********************************************** \n");
    printf("请输入航天竞赛成绩(百分制,整数): \n");
    scanf(" % d", &a);
    printf("对应等级为: ");
    switch (_____) {                          //多分支结构
        _____          //输出"优"
        _____          //输出"良"
        _____          //输出"中"
        _____          //输出"及格"
    default:
        printf("不及格\n");
    }
    printf("*********************************************** \n");
}
```

注意:程序中的关键步骤是对 switch 语句表达式的设计,如果将变量 a 的数据类型修改为 float,则表达式要表示成(int)a/10。

实例 2:小张是某科技公司的程序员,正在开发航天科普知识竞赛系统,需要开发计算器功能,实现功能要求如下:

```
****************************
********  计算器  ********
****************************
```

```
请输入运算表达式：1 + 2
运算结果 = 3
******************************
```

1. 实例分析

按照题目描述，输入数据为一个表达式，因此输入函数需要一次性获取三个数据，完成编程的关键问题是多分支结构条件设定，建议使用运算符作为比较对象。

2. 操作步骤

（1）设定两个整型变量，代表运算对象。

（2）设定一个字符型变量，代表运算符。

（3）使用 switch 语句，判断运算符，实现计算功能，补全程序，实现功能。

```c
# include < stdio.h >
main() {
    int a, b;
    char c;
    printf("******************************\n");
    printf("********　　计算器　　********\n");
    printf("******************************\n");
    printf("请输入运算表达式：");
    scanf("%d%c%d", &a, &c, &b);
    switch (c) {



    }
}
```

任务测试

根据任务 3 所学内容，完成下列测试。

1. 以下程序的输出结果是（　　）。

```c
# include < stdio.h >
main()
{ int a = 3, b = - 1, c = 1;
if(a < b)
    if(b < 0)c = 0;
    else c++;
printf("%d\n",c);}
```

 A. 0　　　　　　　　B. 1　　　　　　　　C. 2　　　　　　　　D. 3

2. 以下程序的输出结果是（　　）。

```c
# include < stdio.h >
main()
{int x = 1,a = 0,b = 0;
switch(x)
{
```

```
    case 0:b++;
    case 1:a++;
    case 2:a++;b++;
}
printf("a=%d,b=%d\n",a,b);}
```

    A. a=2,b=1   B. a=1,b=1   C. a=1,b=0   D. a=2,b=2

3. 以下程序输出结果为(　　)。

```
#include<stdio.h>
main()
{ int a=15,b=21,m=0;
switch(a%3)
{
    case 0:m++;break;
    case 1:m++;
        switch(b%2)
        {
            default:m++ ; break;
        }
}
printf("%d\n",m); }
```

    A. 1   B. 2   C. 3   D. 4

4. 下列叙述中正确的是(　　)。

    A. 在 switch 语句中必须使用 default

    B. break 语句必须与 switch 语句中的 case 配对使用

    C. 在 switch 语句中，不一定使用 break 语句

    D. break 语句只能用于 switch 语句中

5. 以下程序的输出结果是(　　)。

```
#include<stdio.h>
main(){
int x=1,a=10,b=10;
switch( x) {
    case 0:b++;
    case 1:a++;
    case 2:a++;b++;
printf("%d",a);}}
```

    A. 10   B. 11   C. 12   D. 13

综 合 练 习

根据项目所学内容，完成下列练习。

一、单项选择题

1. 下列 if 语句中合法的是(设 int x,a,b,c;)(　　)。

    A. if(a=b)c++;   B. if(a=<b)c++;

    C. if(a<>b)c++;   D. if(a=>b)c++;

2. 能正确表示"当 x 的取值在[−58,−40]和[40,58]范围内为真,否则为假"的表达式是( )。

    A. (x>=−58)&&(x<=−40)&&(x>=40)&&(x<=58)

    B. (x>=−58)||(x<=−40)||(x>=40)||(x<=58)

    C. (x>=−58)&&(x<=−40)||(x>=40)&&(x<=58)

    D. (x>=−58)||(x<=−40)&&(>=40)||(x<=58)

3. 判断 char 型变量 s 是否为小写字母的正确表达式是( )。

    A. 'a'<=s<='z'　　　　　　　　　B. (s>='a')&(s<='z')

    C. (s>='a')&&(s<='z')　　　　　　D. ('a'<=s)and('z'>=s)

4. 已知 x=45,y='a',z=0;则表达式(x>=z&&y<'z'||!y)的值是( )。

    A. 0　　　　　　　　B. 语法错误　　　　C. 1　　　　　　　　D. "假"

5. 以下程序的运行结果是( )。

```
#include<stdio.h>
main()
{ int a=1;
if(a++>1) printf("%d",a);
else printf("%d",a--); }
```

    A. 0　　　　　　　　B. 1　　　　　　　　C. 2　　　　　　　　D. 3

6. 下列程序的运行结果是( )。

```
#include<stdio.h>
main()
{ int a=5;
if(a++>5) printf("%d",a);
else printf("%d",a--);}
```

    A. 3　　　　　　　　B. 4　　　　　　　　C. 5　　　　　　　　D. 6

7. 以下程序段的输出结果是( )。

```
int a,b,c;
a=10;b=50;c=30;
if(a>b)a=b,b=c;c=a;
printf("a=%db=%dc=%d\n",a,b,c);
```

    A. a=10b=50c=30　　　　　　　　B. a=10b=30c=10

    C. a=10b=50c=10　　　　　　　　D. a=50b=30c=50

8. 执行以下程序段后,变量 x、y、z 的值分别为( )。

```
int a=1,b=0,x,y,z;
  x=(--a==b++)?--a:++b;
  y=a++;
  z=b;
```

    A. x=0,y=0,z=0　　　　　　　　B. x=−1,y=−1,z=1

    C. x=0,y=1,z=0　　　　　　　　D. x=−1,y=−1,z=2

9. 以下程序段的运行结果是( )。

```
int a = 5,b = 4,c = 2,d = 1;
if(a > b > c)d = 3;
else d-- ;
printf("%d\n",d);
```

    A. 0   B. 1   C. 2   D. 3

10. 若有定义 float w;int a,b;,则合法的 switch 语句是(   )。

    A. switch(w){case 1.0:printf(" * \n"); case 2.0:printf(" **   n");}

    B. switch(){case 1.0:printf(" * n");default:printf(" n") ;}

    C. switch(){case 1 printf(" * \n");case 2 printf(" ** \n");}

    D. switch(a+b){case 1:printf(" * \n"); case 2:printf(" ** \n");}

二、填空题

1. 如果变量 x 大于 1 并且小于等于 10,则为真,否则为假,正确的表达式是_____。

2. 逻辑运算符两侧运算对象的数据类型是_____,%运算符两侧运算对象的数据类型是_____。

3. 已知 int a=3,b=5,c=7,d=8;则条件表达式 a>b?a:c<d?c:d 的值是_____。

4. 设 x、y、t 均为 int 型变量,则执行语句:x=y=2;t=++x||++y;后,y 的值为_____。

5. 语句 m=(x>y)?x:y;表示将变量 x 和 y 中较大的值赋给_____。若 x>y,则将变量 x 的值赋给变量 m,否则将_____的值赋给变量 m。

6. 若执行以下程序时输入 4 和 3,则输出结果是_____。

```
#include < stdio.h>
main(){
    int x,y;
    scanf("%d, %d",&x,&y);
    if(x > y)x = y?y:x;
    else x++;y++;
    printf("%d, %d",x,y);}
```

7. 以下程序的运行结果是_____。

```
#include < stdio.h>
main(){
    int a,b,c;
    a = 10;b = 50;c = 30;
    if(a > b)a = b;b = c;c = a;
    printf("a= %d b= %d c= %d\n" ,a,b,c); }
```

8. 以下程序的运行结果是_____。

```
#include < stdio.h>
main(){
    int k = 10;
    switch(k + 1)
        {case 10:k++;break;
         case 11:++k;
         case 12:++k;break;
```

```
        default:k = k + 1;}
    printf("% d",k);}
```

9. 以下程序的运行结果是_____。

```
# include < stdio. h >
main(){
    char n = ' c';
    switch(n){
        case 'a':case 'b':printf("you") ; break;
        case 'c':printf("pass");
        case 'd': printf( "test" );
        default: printf("!"); break; }}
```

10. 有如下程序

```
# include < stdio. h >
main(){
    int x;
    scanf("% d",&x);
        if(x > 13) printf("% d\t",x - 9);
        if(x > 10) printf("% d\t",x);
        if(x > 5) printf("% d\t",x + 8);}
```

若程序运行时输入 11,则输出结果是_____。

三、补全代码题

1. 输入一个整数,判断并输出它是奇数还是偶数。

```
# include < stdio. h >
main()
{
    int i;
    printf("输入一个整数:\n");
    scanf("_____",_____);
        if(_____)
            printf("它是偶数\n");
        else
            printf("它是奇数\n");
}
```

2. 输入一个 0~6 的整数,输出星期几。

```
# include < stdio. h >
main()
{
    int a;
    printf("输入一个 0~6 的整数:");
    scanf("% d",_____);
    _____(_____)
    {
        case 0:  printf ("星期日"); break;
        case 1:  printf ("星期一"); break;
        case 2:  printf ("星期二"); break;
        case 3:  printf ("星期三"); break;
```

```
    case 4:   printf ("星期四"); break;
    case 5:   printf ("星期五"); break;
    case 6:   printf ("星期六"); break;
                    _____: printf ("输入错误!");
    }
}
```

3. 输入一个三位数,判断是否为水仙花数(水仙花数的每个数位上的数字的三次方之和等于它本身)。

```
# include < stdio. h >
main()
{
    int x,a,b,c;
    printf("请输入一个三位数的正整数: ");
    _____("%d", _____) ;
    if(_____)
    { a = x % 10;
      b = x/10 % 10;
      c = _____;
      if(_____)
          printf("%d 是水仙花数!\n",x);
      else printf("%d 不是水仙花数!\n",x);
    }
    else printf("输入数据有错!");
}
```

4. 输入 3 个数,如果这 3 个数能构成一个三角形,则输出该三角形的形状信息(等边、等腰、任意三种情况)。

```
# include < stdio. h >
main()
{
    _____ a,b,c;
    printf("请输入 3 个数 a,b,c 的值:");
    _____("%f%f%f", _____);
    if(a > 0&&b > 0&&c > 0&&a + b > c&&b + c > a&&a + c > b)
        if(_____)
            printf("等边三角形\n");
        else
            if(_____)
                printf("等腰三角形\n");
            else
                printf("任意三角形\n");
        else
    printf("不能构成三角形\n");
}
```

5. C语言实现按照考试成绩的等级输出百分制分数段,A 等为 85~100 分,B 等为 70~84 分,C 等为 60~69 分,D 等为 60 分以下。

```
# include < stdio. h >
main()
{
```

```
_____ grade;
printf("输入成绩级别: ");
scanf(" % c",_____);
printf("成绩段: ");
_____(grade)
{
    case 'A':printf("85 - 100\n");break;
    case 'B':printf("70 - 84\n");break;
    case 'C':printf("60 - 69\n");break;
    _____:printf("不及格小于 60\n");break;
    _____:printf("输入成绩等级有误\n");
}
}
```

四、编程题

1. 输入一个四位数,反序输出。如输入 1234,输出 4321。

2. 编写程序,对 3 个数从大到小排序。

3. 输入一元二次方程 $ax^2 + bx + c = 0$ 的 3 个系数 a、b、c 的值,编程计算该方程的实数解并输出。

4. 输入 x,计算 y 值并输出。其中分段函数如下:

$$y = \begin{cases} 2x + 3, & x < 0 \\ x, & x = 0 \\ (x + 7)/3, & x > 0 \end{cases}$$

5. 输入一年份 year(四位十进制数),判断其是不是闰年。闰年的条件是:能被 4 整除、但不能被 100 整除,或者能被 400 整除。

6. 判断一个数是否为四叶玫瑰数(四叶玫瑰数是一个四位数,其每个数位上的数字的四次方之和等于该四位数本身。)

7. 输入两个数和运算符,判断运算符并进行四则运算(用 switch 语句实现)。

8. 《最高人民法院关于审理未成年人刑事案件具体应用法律若干问题的解释》第二条:刑法第十七条规定的"周岁",按照公历的年、月、日计算,从周岁生日的第二天起算。现在用户输入自己的出生年月日和一个日期(晚于出生日期),请计算法律意义上的周岁。

9. 利用条件运算符的嵌套来完成此题:学习成绩大于等于 90 分的同学用 A 表示,60～89 分之间的用 B 表示,60 分以下的用 C 表示。

10. 输入一个五位数,判断它是不是回文数。如 12321 是回文数,个位与万位相同,十位与千位相同。

项目 5

循环结构程序设计

几乎所有实用的程序都包含循环。循环结构是结构化程序设计的基本结构之一,当给定的条件成立时,可反复地执行某个程序段。它和顺序结构、选择结构共同作为各种复杂程序的基本构造单元。因此熟练掌握循环结构的概念及使用是程序设计最基本的要求。

循环结构中被反复执行的程序段称为循环体,循环体可以是单一语句,也可以是复合语句。C语言中循环有三种语句:while 语句、do-while 语句和 for 语句,以及两个循环辅助语句:break 和 continue。通过案例练习,体现中国智慧与精益求精的工匠精神。

学习目标

◇ **知识目标**

(1) 熟练掌握循环型流程设计方法。

(2) 熟练掌握使用 while 语句、do-while 语句、for 语句进行循环型流程设计的方法。

(3) 掌握 break 语句和 continue 语句在循环结构中的使用方法。

(4) 掌握循环结构特点及流程图画法。

◇ **能力目标**

(1) 能够根据实际问题合理选取循环结构设计程序。

(2) 能够使用循环结构解决实际问题。

(3) 了解循环结构设计规范。

◇ **素养目标**

(1) 培养和增强学生的团队意识。

(2) 培养在程序设计过程中攻坚克难的精神和能力。

(3) 培养严谨细致、精益求精的工匠精神。

项目描述

应用循环结构解决重复问题

在实际生活中,经常会遇到一些重复工作问题,如统计全班数学及格同学的人数、输出 100～200 所有素数、求 10 个数中的最大值等。此类问题的处理过程,就是本项目所讲的循环结构处理过程。循环结构就是用来处理大量重复工作的,让计算机判断是否满足某条件,如果符合条件,就重复不断地执行某程序段,直到不满足该条件。在实际编程过程中,通过分析题目,能正确地设定循环条件、循环体并用程序实现,是掌握循环结构的关键。下面通过一个案例,了解一下哪种情况下使用循环结构。

【案例】 解决百钱百鸡问题:我国古代的数学家张丘建在《算经》中提出的百鸡问题:

"鸡翁一,值钱五;鸡母一,值钱三;鸡雏三,值钱一。百钱买百鸡,问鸡翁、母、雏各几何?"其意为:"每只公鸡值 5 元,每只母鸡值 3 元,小鸡 3 只值 1 元。用 100 元买 100 只鸡,问公鸡、母鸡、小鸡各可以买多少只?"

该问题最初的算法设计依据计算思维的方式把问题转化为数学方程,然后把方程转换为穷举计算问题,采用穷举法,需要循环 68000 次才能得到结果,效率较低。在早期,计算机的计算能力与现今不可同日而语,节省计算时间对程序设计人员来讲非常重要。针对此情况,根据资料记载,几名中国学生采用了一种新的优化算法,对最初的算法进行优化,仅循环 20 次,即可求得问题的全部解,故又称中国算法,体现了中国智慧与精益求精的工匠精神。

1. 目标分析

按照题目描述,算法设计依据计算思维的方式把问题转化为数学方程,然后把方程转换为穷举计算问题,采用穷举法。数学描述:设公鸡、母鸡、小鸡分别买 x、y、z 只,所得到的不定方程为

$$\begin{cases} x+y+z=100 \\ 5x+3y+z/3=100 \end{cases}$$

2. 问题思考

(1) 如果 100 元全部买公鸡,则最多买多少只? 同样的钱全部买母鸡,则最多可以买多少只?

_____

(2) 该如何设计程序循环条件?

_____

(3) 如果小鸡的数量不用穷举法,可以用什么方法表示,可以降低循环次数从而提高工作效率?

_____

(4) 完成程序步骤的文字描述。

_____

_____

_____

任务 1　while 语句

📖 任务描述

本任务将从程序的循环结构入手,介绍循环结构中的 while 语句,在此基础上,通过对 while 语句一般形式、执行过程的分析,使学生掌握 C 语言程序的 while 语句及实现方法,具有运用 while 语句来编程解决实际问题的能力。

📜 任务准备

知识点:while 语句

while 语句是一种"当"型循环。while 语句的一般形式如下:

```
while(表达式)
   {语句序列;
   }
```

while 语句的执行过程如图 5-1 所示。

while 语句的执行过程是：先计算 while 后面圆括号内表达式的值，如果其值为真(非 0)，则执行语句序列(即循环体)；然后再计算表达式的值，并重复上述过程，直到表达式的值为假(0)时，循环结束，程序控制转至循环结构的下一语句，即：测试—执行—测试—执行。

while 语句中的表达式一般是关系表达式(如 i<＝100)或逻辑表达式(如 a<b&&x<y)，但也可以是任何类型的表达式，只要其值非 0，就可执行循环体。

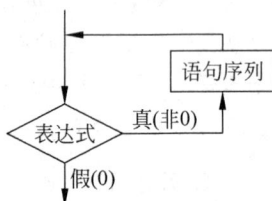

图 5-1　while 语句的
执行过程

【示例】　编程求 1+2+3+4+5。

```
#include<stdio.h>
main()
{
    int sum,k;
    sum = 0 ; k = 1;
    while(k<=5)
    {
        sum = sum + k ;
        k++;
    }
    printf("sum = % d\n", sum);
}
```

程序运行结果：

```
sum = 15
```

示例的运行过程如表 5-1 所示。

表 5-1　示例的运行过程

变　量　名	sum	k	循环条件(k≤5)
初始状态	0	1	真
第 1 轮循环后	0+1=1	2	真
第 2 轮循环后	0+1+2=3	3	真
第 3 轮循环后	0+1+2+3=6	4	真
第 4 轮循环后	0+1+2+3+4=10	5	真
第 5 轮循环后	0+1+2+3+4+5=15	6	假

注意：

(1) 条件表达式要有括号，后面不加分号。

(2) 当循环语句多于一条时，用{ }，否则，循环只对一个；起作用。

(3) 循环体内部必须有对循环变量的修正语句，否则易出现死循环。

(4) 循环必须在有限的次数内结束，否则会出现死循环，在程序中应避免出现死循环。

（5）while 语句执行的特点是先判断条件,后执行循环体,因此,循环次数可能为 0。

（6）注意条件的边界值。

想一想

将示例修改为：编程求 $1+2+3+\cdots+n\leqslant10000$ 的 n 的最大值。看看如何修改?
调试并写出输出结果。

任务实施

实例 1：用 while 语句实现：输入 $n(n>0)$ 个数,求其和。

1. 实例分析

该实例中所列出的问题是多个数据相加求和的问题,许多重复相加的操作,就需要利用循环来解决。需要设置好循环条件,考虑循环变量的初值、终值,变量的调整以及循环体由哪些语句组成。

2. 操作步骤

（1）写出循环条件,循环变量的初值、终值,变量的调整以及循环体由哪些语句组成。

（2）编程并调试运行。

实例 2：连续输入字符,直到按回车键为止,统计输入的字符个数。

1. 实例分析

该实例是连续输入字符,重复输入的操作,就需要利用循环来解决。需要设置好循环条件,考虑循环终止条件,记录字符个数的变量的初始值、调整,最后形成循环体的语句序列。

2. 操作步骤

（1）写出循环条件,循环终止条件,记录字符个数的变量的初始值、调整,循环体的语句序列。

（2）写出程序,上机调试运行。

任务测试

根据任务 1 所学内容，完成下列测试。

1. 设有以下程序段，下面描述中正确的是（   ）。

```
int k = 10;
while(k = 0)
    k = k - 1;
```

A. 循环体语句执行 10 次   B. 循环是无限循环

C. 循环体语句执行 0 次   D. 循环体语句执行 1 次

2. 语句 while(!E); 中的表达式 !E 等价于（   ）。

A. E＝＝0   B. E!＝1   C. E!＝0   D. E＝＝1

3. 下面程序段的运行结果是（   ）。

```
int n = 0;
while(n++ < = 2);
    printf(" % d",n);
```

A. 2   B. 3   C. 4   D. 有语法错误

4. 下面程序的运行结果是（   ）。

```
# include < stdio. h >
main( )
{
    int num = 0;
    while(num < = 2)
    {
        num++ ;
            printf(" % d ",num);
    }
}
```

A. 1   B. 1 2   C. 1 2 3   D. 1 2 3 4

5. 下面程序的运行结果是（   ）。

```
# include < stdio. h >
main( )
{   int k = 5,n = 0;
    while(k > 0)
    {
        switch(k)
        {
            case 1 : n += k;
            case 2 :
            case 3 : n += k;
            default : break;
        }
        k-- ;
    }
    printf(" % d\n",n);
}
```

A. 0   B. 4   C. 6   D. 7

任务 2　do-while 语句

任务描述

本任务将从程序的循环结构入手,介绍循环结构中的 do-while 语句,在此基础上,通过对 do-while 语句一般形式、执行过程的分析,使学生掌握 C 语言程序的 do-while 语句及实现方法,具有运用 do-while 语句来编程解决实际问题的能力。

任务准备

知识点：do-while 语句

1. 语法格式

do-while 语句是一种"直到"型的循环结构,是另一种形式的循环,它的一般形式如下：

```
do
{
    语句序列
} while (表达式);
```

2. 执行过程

先执行循环体(语句序列),再判断表达式的值,若为非 0,重复执行循环体语句,再判断……直到表达式的值为 0,退出循环体,如图 5-2 所示。

说明：

(1) do-while 语句执行的特点是：先执行循环体,后判断条件,至少执行一次循环体。即

执行→测试→执行→测试。

(2) 在 do-while 语句中,"while(表达式)"后面的分号不能遗漏。此外,在 do-while 语句中,即使循环体中只有单一语句,花括号也不能省略。

(3) do-while 语句可转化成 while 语句。

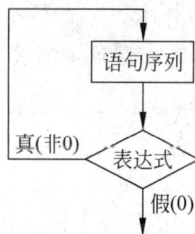

图 5-2　do-while 语句的执行过程

【示例】 写出下面两个程序结果,对比发现 while 语句和 do-while 语句的不同点。

while 语句程序如下：

```
#include< stdio.h>
main()
{ int i = 1,s = 0;
  while(i < 1)
  {
      s = s + i;
      i = i + 1;
  }
  printf("s = % d\n",s);
}
```

do-while 语句程序如下：

```
#include<stdio.h>
main()
{ int i=1,s=0;
  do
  {
      s=s+i;
      i=i+1;
  } while(i<1);
  printf("s=%d\n",s);
}
```

while 语句程序运行结果：

```
s=0
```

do-while 语句程序运行结果：

```
s=1
```

解析：本示例中 while 语句和 do-while 语句的循环体和循环条件完全相同的情况下，输出结果却不同。通过对比发现，do-while 语句执行的特点是：先执行循环体，后判断条件，至少执行一次循环体；while 语句先判断条件，再执行循环体，可能一次也不执行循环体，可能出现循环次数为 0 的情况。

想一想

将示例中循环条件改为 i<2，程序运行结果会发生什么变化？

(1) 调试并写出输出结果。

_____

_____

(2) 分析原因。

_____

_____

任务实施

实例 1：魏晋时期数学家刘徽利用割圆术来得到圆周率 π 的近似值，南北朝时期杰出的数学家祖冲之算出圆周率数值的精确推算值，对于中国乃至世界是一个重大贡献。两位数学家采用最原始的人工计算，尚能将圆周率推算出非常高的精度，他们的人格魅力和科学探索精神，为世人敬仰，体现中国智慧与精益求精的工匠精神。现代程序员展示工匠精神，注重逻辑性和效率，精益求精、一丝不苟地设计出如下方法求圆周率的近似值（要求最后一项的绝对值小于 0.0001 为止）。

$$\frac{\pi}{4} = 1 - \frac{1}{3} + \frac{1}{5} - \frac{1}{7} + \cdots$$

1. 实例分析

按照题目描述，应用循环来解决，由于不明确循环的次数，最好用 while 语句或 do-while 语句来实现。分析判断设置循环条件，设计正负号切换的语句。

2. 操作步骤

（1）定义变量。

（2）设置循环条件、循环体语句。

（3）按要求写出程序。

```
#include<stdio.h>
main()
{


}
```

实例 2：用 do-while 语句编程实现：输入一行字符，输出其中字母的个数。

1. 实例分析

按照题目描述，输入为一行字符，输出数据为整数。因为是在一行字符中统计字母个数，所以，应用循环结构来编程实现。需设计循环条件，设计判断每个字符是不是字母的 if 语句判断条件，如果是字母，字母个数加 1，直至这行字符结束，所以，需要考虑循环终止条件。

2. 操作步骤

（1）设定变量 n 作为计数器，输入第一个字符并存为变量 ch。

（2）设定 do-while 语句的循环条件。

（3）设定循环体语句，如果 ch 为英文字母，计数器加 1，输入下一个字符。

（4）按要求写出程序。

```
#include<stdio.h>
main()
{


}
```

任务测试

根据任务 2 所学内容，完成下列测试。

1. C 语言中 while 语句和 do-while 语句的主要区别是（　　）。

　　A. do-while 语句的循环体至少无条件执行一次

　　B. while 语句的循环控制条件比 do-while 语句的循环控制条件严格

  C. do-while 语句允许从外部转到循环体内

  D. do-while 语句的循环体不能是复合语句

2. 以下能正确计算 $1 \times 2 \times 3 \times \cdots \times 10$ 的程序段是( )。

  A. do{i=1; s=1;   B. do{i=1;s=0;

     s=s * i;   s=s * i;

     i++;   i++;

    }while(i<=10);   }while(i<=10);

  C. i=1; s=1;   D. i=1; s=0;

    do{s=s * i;   do{s=s * i;

     i++;   i++;

    }while(i<=10);   }while(i<=10);

3. 以下程序段( )。

```
int x = 3;
do{printf(" % d\n",x -= 2);}while(!( -- x));
```

  A. 输出的是 1   B. 输出的是 1 和 -2

  C. 输出的是 3 和 0   D. 是死循环

4. 以下程序段( )。

```
x = -1;
do{x = x * x;}while(!x);
```

  A. 是死循环   B. 循环执行二次

  C. 循环执行一次   D. 有语法错误

5. 下面程序的功能是把 316 表示为两个加数的和,使两个加数分别能被 13 和 11 整除。应填入空处的表达式为( )。

```
# include < stdio. h >
main( )
{
    int i = 0,j,k;
    do{i++; k = 316 - 13 * i;} while(_____);
    j = k/11;
    printf("316 = 13 * % d + 11 * % d",i,j);
}
```

  A. k/11   B. k%11

  C. k/11==0   D. k%11==0

任务 3 for 语句

📖 任务描述

  本任务将从程序的循环结构入手,介绍循环结构中的 for 语句,在此基础上,通过对 for 语句一般形式、执行过程的分析,使学生掌握 C 语言程序的 for 语句及实现方法,具有运用 for 语句来编程解决实际问题的能力。

任务准备

知识点：for 语句

1. 语法格式

for 语句的一般形式如下：

```
for (表达式 1; 表达式 2; 表达式 3)
   {
      语句序列
   }
```

for 语句的功能可用 while 语句描述如下：

```
表达式 1;
while (表达式 2)
     {  语句序列;
           表达式 3;
     }
```

2. 执行过程

for 语句的执行过程如图 5-3 所示。

（1）先计算表达式 1 的值。

（2）计算表达式 2（条件）的值，若表达式 2 的值为真（非 0，条件成立），则执行 for 语句的循环体语句，然后再执行第（3）步；若表达式 2 的值为假（0，条件不成立），则结束 for 循环，直接执行第（5）步。

（3）计算表达式 3 的值。

（4）转到第（2）步。

（5）结束 for 语句（循环），执行 for 语句后面的第 1 条语句。

for 语句中，表达式 1 用来实现循环变量的初始化工作，表达式 2 作为循环条件，表达式 3 用于循环变量的更新。若循环体只有一条语句，则{}可以省略。

for 语句最简单的应用形式，也是最容易理解的形式如下：

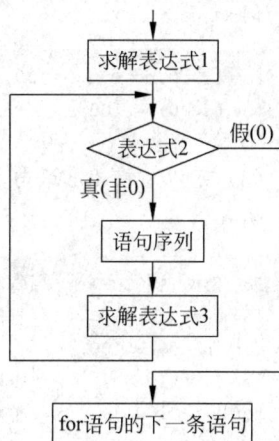

图 5-3　for 语句的执行过程

```
for (循环变量赋初值; 循环条件; 循环变量增值) {语句}
```

例如：

```
for (i = 1; i < = 50; i++)   sum = sum + i;
```

【示例】　输入 10 个整数，输出其中正数。

```
#include < stdio.h>
main()
{
   int a,i;
   for(i = 0;i < 10;i++)
```

```
    {scanf("%d",&a);
     If(a>0)printf("%5d",a);
    }
}
```

程序运行结果：

```
输入：11  58  64  58  -56  15  -5  1  6  78
输出：11  58  64  58  15  1  6  78
```

解析：本示例中，要求输入 10 个整数，循环的次数比较明确，最好选用 for 语句来实现。

说明：

（1）for 语句的括号中用两个分号分隔了 3 个表达式。表达式 1 只在循环开始时执行一次；表达式 2 是循环条件，在第一轮循环开始前进行计算，如果结果为真，则执行循环体，否则退出循环；表达式 3 用于循环变量的更新。

（2）表达式 1 和表达式 3 可以是一个简单表达式，也可以是逗号表达式，即包含一个以上的简单表达式，中间用逗号隔开。

例如：

```
for (s=0,n=1;n<=100;s=s+n, printf("%d",s)) n++;
for (s=0;n<100;s=s+n,n++) {printf("%d",s);}
```

（3）可以省略 for 语句括号中的一个或几个表达式，但不能省略分号。

例如：

```
for (;n<100;n++)    //省略表达式1, n 应在循环之前赋初值
for (n=0;;n++)      //省略表达式2, 表示循环条件永远为真,造成死循环,不可使用
for (n=0;n<100;)    //省略表达式3, n 值更新应在循环体内进行
for (; ;)           //省略三个表达式,表示循环条件永远为真,是死循环,不可使用
for (;n<100;)       //省略表达式1和表达式3,n 应在循环之前赋初值,n 值更新在循环体内进行
```

（4）各种循环都可以用来处理同一问题，一般情况下它们可以互相代替。while 语句和 do-while 语句，只在 while 后面指定循环条件，在循环体中应包含使循环趋于结束的语句（如 i++或 i=i+1 等）。for 语句可以在表达式 3 中包含使循环趋于结束的操作，甚至可以将循环体中的操作全部都放到表达式 3 中。因此，for 语句的功能更强，凡用 while 语句能完成的，用 for 语句都能实现。相比之下，for 语句显得更紧凑一些。

例如：

```
i=1;
for (; i<=n; )      //形式同 while 语句的 while(i<=n)
{ scanf("%d", &k);
  sum=sum+k;
  i++;
}
```

📖 **想一想**

将示例中的 for 语句修改为 while 语句，看看应当如何修改程序？

写出修改后的程序,并上机调试运行。

🔖 **任务实施**

实例 1:计算 1 至 50 中是 7 的倍数的数值之和。

1. 实例分析

根据题目描述,1 至 50 中是 7 的倍数的数值求和,由于是多个数据累加,需要设置求累加值的变量,存放累加值的变量 sum 初值应为 0。"是 7 的倍数"的判断应当用模除法,其实就是判断该数值是否是 7 的倍数,如果是就累加到 sum 中。1 至 50 中每一个数值需要进行判断,由于数值很清晰,可以考虑用 for 语句来实现。

2. 操作步骤

(1) 设定变量 i 作为计数器,变量 sum 作为累加器。

(2) 设定 for 语句的循环条件。

(3) 设定循环体语句:"是 7 的倍数"的数值累加到 sum 中。

(4) 按要求写出程序。

```
#include<stdio.h>
main()
{




}
```

实例 2:一个数列是 3/5,5/7,7/9,9/11,…,求这个数列前 20 项之和。

1. 实例分析

根据题目描述是多个数值求和问题,由于是多个数据累加,需要设置求累加值的变量,存放累加值的变量 sum 初值应为 0,同时,需要注意累加值的数据类型。各项数值都是分数形式,分子、分母均为奇数,后一项的分子和分母均比前一项大 2。要求这个数列前 20 项之和,执行循环的次数很清晰,可以考虑用 for 语句来实现。

2. 操作步骤

(1) 设定变量(分子、分母、累加器),并赋初值。

(2) 设定 for 语句的 3 个表达式。

(3) 设定循环体语句。

(4) 按要求写出程序。

```
#include<stdio.h>
main()
{



}
```

任务测试

根据任务 3 所学内容,完成下列测试。

1. 对 for(表达式 1;;表达式 3)可理解为(   )。

    A. for(表达式 1; 0;表达式 3)   B. for(表达式 1;1;表达式 3)

    C. for(表达式 1;表达式 1;表达式 3)   D. for(表达式 1;表达式 3;表达式 3)

2. 若 i 为整型变量,则以下循环执行次数是(   )。

```
for (i = 2; 2 == 0;)
printf("%d",i--);
```

    A. 无限次   B. 0 次   C. 1 次   D. 2 次

3. 以下 for 循环的执行次数是(   )。

```
for (x = 0,y = 0;(y = 123)&&(x < 4);x++);
```

    A. 无限次   B. 不确定   C. 4 次   D. 3 次

4. 以下不是无限循环的语句为(   )。

    A. for(y=0,x=1;x>++y;x=i++) i=x ;

    B. for(;1; x++=i);

    C. while(1){x++;}

    D. for(i=10;1;i--) sum+=i;

5. 下面程序段的运行结果是(   )。

```
for(y = 1;y < 10;)
y = ((x = 3 * y,x + 1),x - 1);
printf("x = %d,y = %d",x,y);
```

    A. x=27,y=27   B. x=12,y=13   C. x=15,y=14   D. x=y=27

任务 4　多重循环

任务描述

本任务将在本项目所介绍的三种循环结构的基础上,通过举例讲解如何使用多重循环(嵌套循环)来解决实际问题。

任务准备

知识点：循环嵌套

当一个循环体内又包含另一个完整的循环结构时,称为多重循环或循环嵌套,其循环结构可用三种循环结构的任意一种。这三种循环结构可以相互嵌套,自由组合。外层循环可包含两个以上内层循环,但不能相互交叉。

例如,下面是两种循环嵌套的示意代码。

(1)

```
while ()
{

    while ()
    {
        ...
    }
}
```

(2)

```
for (; ; )
{
    do
    { ...
    } while();

}
```

【示例】　计算 $1!+2!+3!+\cdots+10!$。

```
#include <stdio.h>
main ()
{float i,j,result,sum;
 sum = 0;
 for(i = 1;i <= 10;i++)
 { for(result = 1,j = 1;j <= i; j++)
    result * = j;
    sum = sum + result;
 }
 printf("result = % f\n",result);
}
```

程序运行结果：

```
result = 3268800.000000
```

说明：循环嵌套的运行过程是当外层循环取一个值时,内层循环取遍所有的值。

想一想

将示例中的程序改写为单层循环,看看应当如何修改程序？

写出修改后的程序,并上机调试运行。

_____

_____

_____

🔖 任务实施

实例1:本项目的案例中提出的百钱百鸡问题,用文字描述了程序的算法,没有编程实现。为了发扬精益求精的工匠精神,现在利用所学的循环结构程序设计的知识,用穷举法和中国算法两种算法来解决百钱百鸡问题。

1.实例分析

方法一:按照题目描述,穷举法设计依据计算思维的方式把问题转化为数学方程,然后把方程转换为穷举计算问题,采用穷举法。数学描述:设公鸡、母鸡、小鸡分别买 x、y、z 只,因为总共 100 元,若全部买公鸡,则最多买 20 只,显然 x 的变化范围在 0~20 之间。同理,y 的变化范围在 0~33 之间。所得到的不定方程如下:

$$\begin{cases} x+y+z=100 \\ 5x+3y+z/3=100 \end{cases}$$

然后将方程问题转化为穷举计算问题。

方法二:中国算法将方程中的 z 消去,整理得到:$7x=4(25-y)$。考虑到 7 和 4 互质,分析可得 x 的步长应为 4,初值为 0,而 y 的步长应为 7,初值为 4,终值当然不超过 25。这样,对优化后的代码再确定循环初值与步长,得到 C 语言代码。

2.操作步骤

(1)定义变量。

(2)设置循环条件、循环体语句。

(3)按要求写出程序。

方法一:

```
# include< stdio.h>
main()
{


}
```

方法二:

```
# include< stdio.h>
main()
{



}
```

实例 2：编程输出由 * 组成的三角形，如图 5-4 所示。

```
        *
      *   *
    *   *   *
  *   *   *   *
*   *   *   *   *
```

图 5-4 * 组成的三角形

1. 实例分析

根据题目图形，执行循环语句：

```
for(i = 1;i < = 5;i++)
  printf(" * ");
```

将输出 1 行 5 个 * 字符，而要输出的三角形是由 5 行 * 字符组成的。就是说，只要重复执行 5 次类似的 for 语句即可实现所要求的输出。这就构成了循环的嵌套。

观察上述三角形构成的特点，不难发现如下规律。

第 1 行：1 个 * ，换行

第 2 行：3 个 * ，换行

第 3 行：5 个 * ，换行

第 4 行：7 个 * ，换行

第 i(循环变量，1~4)行：(2i−1)个 * ，换行

2. 操作步骤

(1) 设定内、外循环变量。

(2) 设定内、外循环的 3 个表达式。

(3) 设定内、外循环的循环体语句。

(4) 按要求写出程序。

```
# include < stdio. h>
main()
{



}
```

任务测试

根据任务 4 所学内容，完成下列测试。

1. 执行以下程序后，输出结果是(   )。

```
#include <stdio.h>
int main() {
    int i, j;
    for (i = 1; i <= 2; i++) {
        for (j = 1; j <= i * i; j++) {
            printf("%d ", j);
        }
    }
    return 0;
}
```

    A. 1 2 3 4   B. 1 1 2 3 4   C. 1 1   D. 1 2 1 2 3 4 1 2 1

2. 执行以下程序后,输出结果是( )。

```
#include <stdio.h>
int main() {
    int m, n;
    for (m = 1; m <= 3; m++) {
        for (n = 1; n < m; n++) {
            printf("%d ", n);
        }
    }
    return 0;
}
```

    A. 1 2 3   B. 1 1 2   C. 1 2   D. 1 1

3. 以下程序的输出结果是( )。

```
main()
{ int i,j,k;
  for(i=0;i<=4;i++)
{ for(j=1;j<=i;j++)printf(" ");
  for(k=0;k<=3;k++)printf(" * ");
  printf("\n");
} }
```

    A.   * * * *   B.   * * * *
             * * * *   * * * *
              * * * *   * * * *
               * * * *   * * * *
                * * * *

    C.   * * * *   D.   * * * * *
         * * *   * * *
         * *   *
         *

4. 若变量 i、j、k 已经定义为 int 型,则下述程序段中的循环体总执行次数为( )次。

```
for(i=0;i<=k;i++)
  for(j=6;j>1;j--)
  {...
  }
```

    A. 30   B. 25   C. 36   D. 20

5. 下面程序段的运行结果是(   )。

```
main()
{
  int k,j,s;
  for(k = 2;k < 6;k++,k++)
     {s = 0;
         for(j = k;j < 6;j++)
         s += j;}
  printf(" % d\n",s);}
```

    A. 12   B. 9   C. 10   D. 15

任务 5 break 语句和 continue 语句

任务描述

本任务主要是讲解 C 语言循环辅助语句：break 语句和 continue 语句。通过学习，使学生了解并掌握这两种语句的格式及流程转向，以便更好地解决实际问题。

任务准备

知识点 1：break 语句

在前面学习 switch 语句时，就已介绍过 break 语句，那时它可以使程序跳出 switch 语句，使控制转到 switch 语句之外。实际上，break 语句也可以用于循环结构中，使程序提前跳出循环，转移到循环后面的语句。

语法格式如下：

```
break;
```

说明：

(1) break 语句只能用于 switch 语句或循环结构，如果在程序中有下列语句：

```
if (...)
break;
```

此时的 if 语句一定位于循环结构中或 switch 语句中，break 语句跳出的也不是 if 语句，而是跳出包含此 if 语句的循环结构或 switch 语句。

(2) 在循环结构嵌套使用的情况下，break 语句只能跳出（或终止）它所在的循环，而不能同时跳出（或终止）多层循环。switch 语句使流程转向所在循环的外层继续运行，即只向外退出一层循环。例如：

```
for (...)
 { for (...)
     {   ...
          break;
     }
     ...
}
```

【示例 1】   判断一个数是不是素数。

解析：素数又称质数，就是除了能被 1 和它本身整除之外，不能被其他自然数整除的自然数。即：若 m 不能被 2 到 m−1 中所有整数整除，则 m 为素数。例如，自然数 16，它可以被 2 整除，也可以被 8 整除。因此得到一对约数（2,8），这样成对的约数还有（4,4）（8,2），当找到 （4,4）后，后面的约数就重复了。从这可以看出，循环大可不必找到 m−1，只要从 2 判断到 $\sqrt{m}$ 即可。

```c
# include < stdio. h >
# include < math. h >
main()
{ int n,m,tag = 1;                          //设一个标志变量 tag
  printf("请输入一个自然数: ");
  scanf(" % d",&m);
      for (n = 2;n < = sqrt(m);n++)
          if (m % n == 0)                   //m 被 n 整除
            {tag = 0;                        //改变 tag 值
             break;}
      if (tag == 1)
          printf(" % d 是素数\n",m);
      else
          printf(" % d 不是素数\n",m);
}
```

程序运行结果 1：

```
请输入一个自然数: 13
13 是素数
```

程序运行结果 2：

```
请输入一个自然数: 14
14 不是素数
```

想一想

将示例 1 改为：找出 100～200 所有素数，看看应当如何修改程序？

写出修改后的程序，并上机调试运行。

_____

_____

_____

知识点 2：continue 语句

continue 语句的作用是结束本次循环，即跳过循环体中下面尚未执行的语句，直接进行下一次是否执行循环的判定。continue 语句仅能在循环结构中使用。continue 语句的一般形式如下：

```
continue;
```

其执行过程是：终止当前这一轮循环，即跳过循环体中位于 continue 后面的语句而立即开始下一轮循环；对于 while 语句和 do-while 语句来讲，这意味着立即执行条件测试部分，而对于 for 语句来讲,则意味着将控制转到求解表达式 3。

【示例 2】　把 100 到 150 之间的不能被 3 整除的数输出,要求每行输出 10 个数。

解析:根据题意,一旦发现该数能被 3 整除,就不执行输出语句,而是进入下一轮循环。

```
#include <stdio.h>
main()
    { int n, i = 0;
      for (n = 100; n <= 150; n++)
          {  if (n % 3 == 0)
             continue;
             printf(" %4d", n);
             i++;
             if (i % 10 == 0) printf ("\n");
          }
    }
```

程序运行结果:

```
100 101 103 104 106 107 109 110 112 113
115 116 118 119 121 122 124 125 127 128
130 131 133 134 136 137 139 140 142 143
145 146 148 149
```

想一想

将示例 2 改为:把 100 到 150 之间的偶数输出,要求每行输出 10 个数,看看应当如何修改程序?

写出修改后的程序,并上机调试运行。

任务实施

实例 1:一个人不小心打碎了一位妇女的一篮子鸡蛋,为了赔偿便询问篮子里有多少个鸡蛋。那妇女说,她也不清楚,只记得每次拿 2 个则剩 1 个,每次拿 3 个则剩 2 个,每次拿 5 个则剩 4 个,若每个鸡蛋 1 元,请你帮忙编程,计算最少应赔多少钱。

1. 实例分析

按照题目描述,需要重复不断地判断鸡蛋数是否符合上述要求,但次数未确定,所以考虑选择 while 语句。鸡蛋的个数应是奇数,且模除 3 为 2,模除 5 为 4,鸡蛋应从 9 个开始计数,如果同时满足上述条件的情况第一次出现,此时的数字就是最少应赔的钱数。所以,此时应当结束循环,且不再进行计数,所以,应当用 break 语句。

2. 操作步骤

(1) 定义变量存放鸡蛋个数,赋初值。

(2) 设置循环条件、循环体语句。

(3) 设置判断条件的 if 语句。

(4) 按要求写出程序。

```
#include<stdio.h>
main()
{

}
```

实例2：编程实现：给5次机会输入玩家的年龄(年龄大于等于16)，统计输入错误年龄的次数。

1. 实例分析

根据题目要求,需要5次重复不断地输入年龄,而且,重复次数清晰,所以,可以考虑使用for语句。判断年龄是否小于16,如果小于16则输入错误年龄次数加1。应当使用if语句。在for循环中出现正确年龄,就需结束本次循环,继续下一次年龄的输入,所以,应当用continue语句。

2. 操作步骤

(1) 设定循环变量。

(2) 设定for语句的三个表达式。

(3) 设定判断年龄是否小于16的if语句。

(4) 按要求写出程序。

```
#include<stdio.h>
main()
{

}
```

任务测试

根据任务5所学内容,完成下列测试。

1. 下列程序段不是死循环的是(   )。

A. int i＝100;
　while(1)
　{ i＝i%100+1;
　　if(i＞100) break;
　}

B. for(;1;);

C. int k＝0;
　do{++k;}
　while(k＞=0);

D. int s＝30;
　while(30);－－s

2. 关于 break 语句的描述正确的是(　　)。

A. break 语句只能用于循环结构中

B. break 语句可以一次跳到多个嵌套循环结构之外

C. 在循环结构中可以根据需要使用 break 语句

D. 在循环结构中必须使用 break 语句

3. 以下程序的输出结果是(　　)。

```c
# include < stdio. h>
main()
{ int i;
  for(i = 1;i < 6;i++)
    { if(i % 2)
      {
         printf("#");
         continue;
      }
      printf(" * ");
    }
  printf("\n");
}
```

A. # * # * #

B. # # # # #

C. * * * * *

D. * # * # *

4. 执行以下程序后,输出结果是(　　)。

```c
# include < stdio. h>
int main() {
    int i = 0;
    while (i < 10) {
        printf("%d", i);
        i++;
        if (i == 5) {
            break;
        }
    }
    return 0;
}
```

A. 0 1 2 3 4

B. 0 1 2 3 4 5

C. 0 1 2 3 4 5 6 7 8 9

D. 编译错误

5. 以下程序的输出结果是(   )。

```
#include<stdio.h>
main()
{ int i,n=0;
  for(i=2;i<5;i++)
  { do
    { if(i%3) continue;
        n++;
    } while(!i);
    n++;
  }
  printf("n=%d\n",n);
}
```

A. n＝5   B. n＝2   C. n＝3   D. n＝4

综 合 练 习

根据项目所学内容,完成下列练习。

一、单项选择题

1. t 为 int 型变量,进入下面的循环之前,t 的值为 0,则以下叙述中正确的是(   )。

```
while( t=1 )
{ ... }
```

A. 循环控制表达式的值为 0   B. 循环控制表达式的值为 1
C. 循环控制表达式不合法   D. 以上说法都不对

2. 如下程序的输出结果是(   )。

```
#include<stdio.h>
main()
{
  int n=9;
  while(n>6)
{n--;printf("%d",n);}}
```

A. 987   B. 876   C. 8765   D. 9876

3. 以下程序的输出结果是(   )。

```
#include<stdio.h>
main()
{
  int n=4;
  while(n--) printf("%d ",--n);
}
```

A. 2 0   B. 3 1   C. 3 2 1   D. 2 1 0

4. 设有以下程序,程序运行后,如果输入 1298,则输出结果为(   )。

```
#include<stdio.h>
main() {
```

```
    int n1, n2;
    scanf("%d", &n2);
    while (n2 != 0) {
        n1 = n2 % 10;
        n2 = n2 / 10;
        printf("%d", n1);
    }
}
```

  A. 1289   B. 8219   C. 1892   D. 8921

5. 下列程序的输出结果是(　　)。

```
# include < stdio. h >
main()
{ int k = 5;
  while( -- k) printf("%d",k -= 3);
    printf("\n");
}
```

  A. 1   B. 2   C. 4   D. 死循环

6. 当执行下列程序时,输入 1234567890 <回车>,则其中 while 语句的循环体将执行(　　)次。

```
# include < stdio. h >
main()
{char ch;
 while((ch = getchar()) == '0')printf("#");
}
```

  A. 0   B. 9   C. 10   D. 无限次

7. 下面程序段的输出结果是(　　)。

```
for(x = 3;x < 6;x++)
  printf((x%2)?("** %d"):("# # %d\n"),x);
```

A. ** 3	B. # #3	C. # #3	D. ** 3# #4
# #4	** 4	** 4# #5	** 5
** 5	# #5		

8. 执行语句 for(i = 1;i + + < 4;);后变量 i 的值是(　　)。

  A. 3   B. 4   C. 5   D. 不定

9. 下列说法中正确的是(　　)。

  A. continue 语句的作用是结束整个循环的执行

  B. 只能在循环结构内和 switch 语句内使用 break 语句

  C. 在循环结构内使用 break 语句或 continue 语句的作用相同

  D. 从多层循环嵌套结构中退出时,只能使用 continue 语句

10. 以下程序的输出结果是(　　)。

```
# include < stdio. h >
main() {
    int i;
    for (i = 1;i < 10;i++)
```

```
{
    if (i % 2 == 0 || i % 5 == 0) {
        continue;
        printf(" # ");}
    printf(" * ");
}
printf("\n");
}
```

A. # # # #   B. # # # # #   C. * * * * *   D. * * * *

二、填空题

1. C 语言中循环有三种语句：while 语句、do-while 语句、_____。

2. _____语句是一种先执行循环体再判断条件的循环结构，保证循环体至少执行一次。

3. _____语句是一种先判断条件再执行循环体的循环结构。

4. _____是指在一个循环结构中再嵌套另一个循环结构。

5. _____语句用于在循环结构内提前结束并跳出循环结构。

6. 认真阅读下列程序段，写出程序的运行结果_____。

```
# include < stdio. h >
main()
{
    int y = 100;
    while(y -- );
        printf("y = % d\n",y);
}
```

7. 认真阅读下列程序段，写出程序的运行结果_____。

```
# include < stdio. h >
main()
{
    int i, j;
    for(i = 1; i <= 3; i++) {
        for(j = 1; j <= 2; j++) {
            printf("% d ", i * j);
        }
    }
}
```

8. 认真阅读下列程序段，写出程序的运行结果_____。

```
# include < stdio. h >
main()
{
    int i = 0;
    while(i < 10){
        i++;
        if(i == 4) break;
        printf("% d # ",i);
    }
}
```

9. 认真阅读下列程序段,写出程序的运行结果_____。

```c
#include<stdio.h>
main() {
    int i, j, n = 0;
    for (int i = 0; i <= 3; i++) {
        for (j = 0; j <= 3; j++) {
            n++;
            if (j == 1||j == 2) continue;
            printf("%d#",n);
        }
    }
}
```

10. 认真阅读下列程序段,写出程序的运行结果_____。

```c
#include<stdio.h>
main()
{
    int i = 0;
    for(int i = 10;i > 1;i/ = 3)
        printf("%d#",i);
}
```

三、补全代码题

1. 计算并输出 200～600 中能被 7 整除,且至少有一位数字是 3 的所有数的和。请在空白处补充语句实现功能。

```c
#include<stdio.h>
main() {
    int i, a, b, c;
    _____ s = 0;
    for (i = 200;_____; i++)
        if (_____) {
            a = _____;
            b = i / 10 % 10;
            c = i / 100;
            if ((c == 3) || (b == 3) || (a == 3))
                _____;
        }
    printf("和:%.0f", s);
}
```

2. 给定 n 个正整数,统计奇数和偶数各有多少个。请在空白处补充语句实现功能。

输入格式:

输入给出一个正整数 n(n≤1000)。

输出格式:

在一行中先后输出奇数的个数、偶数的个数,中间以 1 个空格分隔。

输入样例:

9

输出样例:

```
3 6
# include < _____ >
main() {
    int N, i, j = 0, o = 0, a;
    while (1) {
        scanf("% d", _____ );
        if (N <= 1000)
            _____;
    }
    for (i = 0; _____; ++i) {
        scanf("% d", &a);
        if (a % 2 != 0) j += 1;
        _____ o += 1;
    }
    printf("% d % d", j, o);
}
```

3. 用 1 元人民币兑换 5 分、2 分、1 分的硬币共 50 枚,每种硬币至少 1 枚,共有多少种兑换方案? 输出每一种方案中 3 种硬币的数量。请在空白处补充语句实现功能。

```
# include < stdio. h >
main() {
    int sum = _____;
    int a = 1, b = 2, c = 5;
    int i, j, k;
    int _____;
    printf(" 1 分,2 分,5 分硬币数量依次为: \n");
    for (i = 1; i < 100; i++)
        for (j = 1; j < 50; j++)
            for (k = 1; _____; k++)
                if ((i * 1 + j * 2 + k * 5 == sum) && ( _____ )) {
                    printf(" % d % d % d\n", i, j, k);
                    _____;
                }
    printf("共有 % d 种方案\n", count);
}
```

4. 下列程序实现输入整数,统计其中大于 0 的整数和小于 0 的整数的个数,分别用变量 x、y 进行统计,用整数 0 结束循环。请在空白处补充语句实现功能。

```
main()
{ int n, x, y;
x = y = 0;
while _____
{
    if(n > 0) _____
    else if(n < 0) _____
    scanf("% d", &n);
}
printf("x = % 5d, y = % 5d", x, y); }
```

5. 下列程序实现对输入的一行字符分别统计其中英文字母、数字和其他字符个数。请在空白处补充语句实现功能。

```
#include<stdio.h>
main()
{char ch;
 int a=0,b=0,c=0;
 while(_____)
    if(_____)
    a++;
    else if(ch>='0'&&ch<='9')_____
        else _____
        printf("英文字母: %d",a);
        printf("数字: %d",b);
    printf("其他字符: %d",c);}
```

四、编程题

1. 使用 for 语句编写一个程序,计算 1～100 所有偶数的和。

2. 使用 for 语句编写程序,输出 100～999 所有的"水仙花数",所谓"水仙花数",是指一个三位数,其各位数字的立方和等于该数本身。例如,153 是一个"水仙花数",因为 153＝1×1×1＋5×5×5＋3×3×3。

3. 使用 for 语句嵌套编写程序,输出九九乘法表。

4. 输出 50～100 之间所有不能被 3 和 7 整除的数。

5. 已知华氏温度 F 与摄氏温度 C 的关系是:C＝5/9×(F－32),编写程序,计算华氏温度 F 为－10,0,10,20,…,290 时摄氏温度 C 的值。

6. 输入一个整数,将其逆序输出。例如,输入 12345,输出 54321。

7. 回文数,是指从左至右与从右至左读起来都是一样的数字。如 121 是一个回文数字。编写程序,求出 100～200 范围内所有回文数之和。

8. 一个球从 100m 高度自由落下,每次落地后返回原高度的一半,再落下,再反弹,求它在第 10 次落地时,共经过多少米。

9. 输入一个数字 a 和一个整数 n,s＝a＋aa＋aaa＋aa…a,最后一项为 n 个 a。计算并输出 s 的值。

10. 有 1,2,3,4 共 4 个数字,能组成多少个互不相同且无重复数字的三位数？要求输出所有可能的三位数。

项目 **6**

数　　组

前面介绍的变量都是单个的,如一个整型变量,利用它可以对一个整数进行存储、读出等操作。但如果需要处理多个相同类型的数据,若为每个数据都定义一个变量,则处理起来很麻烦。C语言提供了数组这个构造型数据结构,它是由基本数据类型按照一定规则组成的新类型,数组中每个值的类型必须与数组的类型相同,使用数组名和下标来唯一确定数组中的元素。可以把具有相同类型的一批变量存入数组中,然后把数组作为整体进行操作。将数组与循环结构结合使用,可处理大批量数据,完成如排序等各项操作。本项目主要介绍怎样使用数组处理同类型的批量数据,同时通过案例来讲解数组应用的一些基本算法。在案例练习中,增强团结、合作意识。

学习目标

◇ **知识目标**

(1)掌握数组的概念和语法。

(2)掌握一维数组的定义、元素引用、内存数据和初始化。

(3)掌握二维数组的定义、元素引用、内存数据和初始化。

(4)掌握字符数组及常用的字符串处理函数。

◇ **能力目标**

(1)理解数组的定义、元素引用、元素输入/输出方法。

(2)学会利用数组解决实际问题。

◇ **素养目标**

(1)增强学生团队团结、合作意识。

(2)培养探索创新的能力。

(3)培养良好的学习习惯和编程习惯。

(4)增强学生逻辑思维能力。

项目描述

应用数组解决实际问题

在信息时代,人们的工作方式发生了很大的变化,拥有与他人合作的能力,才能在未来的工作中取得成功,因此在学习和工作中增强团结、合作意识是非常重要的。例如,在实际生活中,经常会遇到一些团队协作来完成的问题,如开发一款学习成绩相关的软件时,需要团队进行合理分工,然后各小组编写各自的程序模块。此类问题的处理过程中,涉及大量同类数据的处理,这些数据可以用数组来存储并进行数据的输入、排序、求和、求平均成绩等操作。

数组是一种十分有用的数据结构,许多问题不用数组,将会很难解决。本项目将介绍一维和二维数组的定义、数组元素的引用以及数组应用的一些基本算法。在实际编程过程中,通过分析题目,能正确定义、引用、初始化数组并用程序实现相关操作,是掌握数组的关键环节。下面通过一个案例,练习一下用数组来解决实际问题的方法。

【案例】 发扬团队协作精神,小组协作完成以下程序:输入 10 个整数,再输出这些数据,将这些数据求和并输出。

1. 目标分析

针对本题目,采用以下方式完成。

(1) 将一个大组的学生分成三个小组,分别负责编写数据输入、数据求和、数据输出。

(2) 如条件允许,每个小组要求坐在一起讨论,大家在一起工作更能培养合作能力,增强团结协作意识。

2. 问题思考

(1) 如何定义一维数组,还需要定义哪些变量?

_____

(2) 如何初始化这个数组并求出这些数组元素之和?

_____

(3) 如果将这 10 个整数输出,该如何设计循环结构,该用什么语句来实现输出?

_____

(4) 如何将这 10 个整数之和输出?

_____

(5) 编写程序并上机调试运行。

_____

_____

_____

_____

任务 1 一维数组的定义和使用

任务描述

本任务将介绍一维数组的定义、数组元素的引用以及数组应用的一些基本算法。

任务准备

知识点 1:一维数组的定义及元素引用

1. 一维数组的定义

和使用变量一样,在 C 语言中使用数组也必须先定义。一维数组的定义形式如下:

```
数据类型标识符 数组名[长度表达式];
```

例如:

```
float a[5];                    //数组名为 a,有 10 个 float 型元素
double scores[ 50 * 2 ];       //数组名为 scores,有 100 个 double 型元素
```

定义数组时需要注意以下几个问题。

（1）C 语言的一个数组只能存储同类型的数据,数组所有元素的数据类型必须相同,都由定义该数组的数据类型确定。所谓数组的数据类型是指数组元素的数据类型,根据编程者准备利用数组元素存储数据的类型确定。

（2）数组的命名规则和变量名相同,应遵循标识符命名规则。因为 C 语言不允许在同一个代码范围内出现同名的标识符,因此,同一个代码范围内,数组名不能和函数名、变量名等其他标识符、关键字重名。

（3）[]内的长度表达式的值须为一个正整数,一般是个具体的整数,如 int a[20],也可以写作 int a[10+10],也可以是变量表达式。例如:

```
void fun_max(int n)
{
  int a[2 * n];                //定义数组长度为 2n,合法
  int m = 3;
  int b[2 * m];                //也合法,相当于 int b[6]
}
```

但如果定义数组的语句使用 static 关键字声明数组是静态(存储)变量,则长度表达式中不能出现变量。即如果写作 static int a[2 * n];是错误的。提示信息为[Error] storage size of 'a' isn't constant。

（4）定义一个数组,它的元素下标从 0 开始,最大的下标值为数组的长度减 1。如 int m[2];,表示定义的数组 m 有两个元素,分别是 m[0]、m[1]。由于 C 语言不对下标做越界检查,因此虽然不存在 m[2],但程序中若使用 m[2],编译器并不会提示语法错误,这就需要用户在编程时注意细节,否则容易导致意外错误发生。

（5）数组元素在内存中是连续存放的,数组所分得的这块存储空间的第一个字节的地址称为数组的地址,数组名字面上看像个变量的名字,实际上它是个等于数组地址的符号常量。

例如,定义数组 float b[5];,每个元素都是 float 型,需要占用 4 字节,因此需要分配 4×5 字节的内存。数组元素的地址表示如表 6-1 所示。由表 6-1 可以看出,数组的下标实际上相当于某个元素相对于数组首地址的偏移量。例如,b[2]的偏移量为 2 个单位(即 2×4 字节)。

表 6-1　数组元素的地址表示

地　址	元　素	地　址	元　素
b+0	b[0]	b+3	b[3]
b+1	b[1]	b+4	b[4]
b+2	b[2]		

2. 一维数组元素的引用

C 语言规定,对数组进行操作时需要按数组的元素进行单独使用。引用的格式如下:

数组名[下标]

注意:

(1) 一个数组元素实质上就是一个变量,其变量名为"数组名[下标]",如 a[2]。[]里的下标是一个表达式,其值要求是一个大于或等于 0 的整数。该表达式通常是一个整数,或者一个 int 型变量,如 a[3]、a[i],也可能是一个复杂些的式子,如 a[i+j]、a[i++]、a[i+2]等。

例如:

```
int a[8];        //数组长度为8,即有8个元素,相当于定义了a[0]~a[7]这8个变量
a[0] = 2022;     //把2022存储到变量a[0],a[0]就是数组元素的使用形式
```

(2) 数组是一个包含多个成员的构造型变量,使用数组不能整体使用,必须把其元素当作变量单独使用。

如输出一个数组各元素的值,出于代码简洁、结构清晰的需要,一般使用循环结构。

例如:

```
for(i = 0; i < 10; i++)
printf("%d",a[i]);
```

使用数组必定要使用循环结构,不使用循环结构发挥不出使用数组使代码简洁的优势。如把上面的循环结构写作下面 10 个语句。

```
printf("%d",a[0]); printf("%d",a[1]);...printf("%d",a[9]);
```

虽然实现的功能相同,但这 10 个语句显然没有循环结构简洁。

(3) 不能把数组当作一个整体使用,如语句 printf("%d",a);的功能是把数组 a 占据的存储空间的首地址作为一个整数输出,而不是输出数组 a 的所有元素的值。

【示例 1】 使用数组存储数值 0~9,然后逆序输出。

```
#include < stdio. h>
main()
{
    int i,a[10];
    for(i = 0;i <= 9;i++)
        a[i] = i;                    //循环,依次把0~9赋给a[0]~a[9]
            for(i = 9;i >= 0;i-- )
        printf("%d",a[i]);           //依次输出a[9]~a[0]的值
}
```

程序运行结果:

```
9 8 7 6 5 4 3 2 1 0
```

想一想

将示例 1 改为: 使用数组存储 10 个同学成绩,并计算它们的总分。

修改、调试并运行程序,写出输出结果。

_____

_____

_____

_____

知识点 2：一维数组的初始化

最基本的定义数组语句，只是指出数组的数据类型、数组名、数组长度，系统为所定义的数组在内存中分配一片连续的存储单元(字节)，这些存储单元在被分配给数组之前原存储的就有值。因此，定义数组之后若没有给数组元素赋值，则数组各元素的值并不确定。如果误认为默认数组元素的初值为 0 而直接使用，则可能会发生逻辑错误。因此，编程者应考虑在使用之前，为数组的各个元素赋初值。赋初值有两种方法。

(1) 在定义数组的同时为数组元素赋初值，格式如下：

```
数据类型标识符 数组名[长度表达式] = {表达式 1,表达式 2, ..., 表达式 n};
```

这种赋值方式又称初始化，是在为该数组分配存储空间的同时为数组元素赋值。创建数组和为数组各元素赋值这两个功能用同一条语句完成。

大括号里用来为数组各元素赋值的数据用表达式表示，表达式之间要用逗号隔开。表达式通常是一个单独的常量，也可以是 a>5、i++之类的表达式，不过这种格式不常用。赋值规则是：把赋值号后面大括号里的数据，按位置次序一对一地存储到数组的各个元素。即将表达式 1 的值赋给数组的第 1 个元素(下标为 0 的元素)，表达式 2 的值赋给数组的第 2 个元素(下标为 1 的元素)，以此类推。大括号里给出的表达式的个数不能超过数组元素个数；如果小于数组元素的个数，则按表达式出现的次序，依次赋给数组的下标从 0 开始的元素；后面没有表达式和它对应的数组元素，自动为其赋给空值，即数值型的数组赋给 0，字符型的数组赋给 ASCII 码值为 0 的空字符。例如：

```
int c[5] = {1,2,3};
char b[5] = {'a', 'b'};
```

初始化后的结果如图 6-1 所示。b[0]、b[1]存储的是字符 a、b 的 ASCII 码值。

1	2	3	0	0	97	98	0	0	0
c[0]	c[1]	c[2]	c[3]	c[4]	b[0]	b[1]	b[2]	b[3]	b[4]

图 6-1   数组 c 和 b 初始化的结果

如果想使数组的全部元素都同为一个值，以下做法是不正确的。int a[10]={1 * 10};这试图让所有元素的值都为 1，但事实上是只有 a[0]为 10，其余为 0，相当于 int a[10]={10};。

如果在定义数组的语句中列出全部的初值表达式，可以不写数组的长度，系统会自动把初值列表中表达式的个数作为数组的长度。例如，下面定义的数组定义：

```
int d[ ] = {30,40,50};
```

自动根据{}里表达式的个数，确定数组 d 的元素个数为 3，并把 30、40、50 依次存储到 d[0]、d[1]、d[2]中。

(2) 数组定义之后为数组元素赋初值。例如：

```
int d[3];
d[0] = 30; d[1] = 40; scanf(" % d",&d[2]);
```

即定义数组和为数组元素赋值不是同一条语句，必须单独为数组的每个元素赋值。

但是,如果写作 int d[3];d＝{30,40,50};,试图为数组 d 按集合的方式赋值是错误的。数组名代表数组所占用那片存储空间的地址,虽然表面上看数组名像个变量名,但实际上数组名被系统认为是个常量的地址数。因此,若有数组 a 与数组 b,进行 a＝b;相当于把一个常量赋给另一个常量,如同 3＝5;,是错误的。如果要用数组 a 各元素的值初始化数组 b,不能写作 b＝a;,只能通过一个循环结构,按下标对应逐一赋值。例如:

```
int i, a[3] = {1,2,3} ,b[3];        //定义循环变量 i,数组 a 与 b
for(i = 0;i < 3;i++)   b[i] = a[i];        //循环,按下标对应,逐一赋值
```

【示例 2】 输入 15 个整数,并检查整数 10 是否包含在这些数据中,若是的话,它是第几个被输入的。

```
# include < stdio. h>
main()
{int i,flag,data[15];
    flag = 0;
    printf("输入数据:\n");
        for(i = 0;i < 15;i++)
        scanf(" % d", &data[i]);
            for (i = 0;i < 15;i++)
            if (data[i] == 10)
            {printf("10 是第 % d 个被输入的\n",i + 1);
            flag = 1;
            break;}
        if(flag == 0)printf("10 不在这些数据中");
}
```

程序运行结果 1:

```
输入数据:
11 22 33 45 1 2 3 4 5 34 15 67 13 48 68
10 不在这些数据中
```

程序运行结果 2:

```
输入数据:
1 2 44 66 15 13 456 45 45 66 87 98 10 36 5
10 是第 13 个被输入的
```

想一想

有一个数组,内有 10 个整数,输出最小的数和它的下标,然后将它与数组中的第一个数对换。

调试并写出输出结果。

_____

_____

_____

_____

任务实施

实例 1:输出斐波那契数列的前 10 个数。

1. 实例分析

可以定义一个长度为 10 的整型数组 a 来存储数列的前 10 个数。根据斐波那契数列的规律(每个数等于前面两个数之和),即 a[i]＝a[i-1]+a[i-2],可以求出每个元素的值。

2. 操作步骤

(1) 定义变量、数组,并对前 2 个元素进行初始化。

(2) 使用循环结构从第 3 个数开始按 a[i]＝a[i-1]+a[i-2]规律求值。

(3) 使用循环结构输出数列前 10 个数。

(4) 按要求写出程序。

```c
#include<stdio.h>
main()
{



}
```

实例 2:在 100 以内验证哥德巴赫猜想:任何一个大于 6 的偶数均可表示为两个素数之和。例如,6＝3+3,8＝3+5,…,18＝7+11。输出时一行输出 5 组。

1. 实例分析

根据实例描述,需要将 6~100 的偶数都表示成两个素数之和,那首先应当将 1~100 的素数全部罗列出来,并且需要将这些素数存储在一个数组之中。然后,需要判断 6~100 的偶数是不是数组中两个素数之和,如果是就将计数加 1,并输出,当计数是 5 的倍数时,就需输出一个换行符。由于数据很多,需要利用循环结构进行编程解决。

2. 操作步骤

(1) 定义变量、数组并进行初始化。

(2) 使用循环嵌套解决问题,考虑各层循环的变量取值范围。

(3) 设计判断每一个偶数是两个素数之和的 if 语句。

(4) 按要求写出程序。

```c
#include<stdio.h>
main()
{




}
```

任务测试

根据任务 1 所学内容，完成下列测试。

1. 以下程序运行后，输出结果是（　　）。

```
# include< stdio. h>
main() {
    int  n[5] = {0, 0}, i, k = 2;
    for (i = 0; i < k; i++)  n[i] = n[i] + 1;
    printf("% d\n", n[k]);
}
```

　　A. 不确定的值　　　　B. 2　　　　　　　　C. 1　　　　　　　　D. 0

2. 以下程序运行后，输出结果是（　　）。

```
# include< stdio. h>
main() {
    int y = 18, i = 0, j, a[8];
    do {
        a[i] = y % 2;
        i++;
        y = y/2;
    }
    while(y >= 1);
    for(j = i - 1; j >= 0; j -- ) printf("% d", a[j]);
    printf("\n");
}
```

　　A. 10000　　　　　　B. 10010　　　　　　C. 00110　　　　　　D. 10100

3. 以下程序运行后，输出结果是（　　）。

```
# include< stdio. h>
main() {
int a[10], a1[ ] = {1, 3, 6, 9, 12}, a2[ ] = {2, 4, 7, 8, 15}, i = 0, j = 0, k;
    for (k = 0; k < 4; k++)
        if (a1[i] < a2[j])
            a[k] = a1[i++];
        else
            a[k] = a2[j++];
        for (k = 0; k < 4; k++)
        printf("% d", a[k]);
}
```

　　A. 1234　　　　　　　B. 1324　　　　　　　C. 2413　　　　　　　D. 4321

4. 以下程序运行后，输出结果是（　　）。

```
# include< stdio. h>
main(){
    int i,k,a[10],p[3];
    k = 5;
    for (i = 0; i < 10; i++)  a[i] = i;
    for (i = 0; i < 3; i++)   p[i] = a[i * (i + 1)];
    for (i = 0; i < 3; i++)   k += p[i] * 2;
    printf("% d\n", k);
}
```

A. 20　　　　　　　B. 21　　　　　　　C. 22　　　　　　　D. 23

5. 以下程序运行后,输出结果是(　　　)。

```
#include< stdio.h>
main() {
    int n[3], i, j, k;
    for (i = 0; i < 3; i++)
        n[i] = 0;
        k = 2;
        for (i = 0; i < k; i++)
            for (j = 0; j < k; j++)
                n[j] = n[i] + 1;
        printf(" %d\n", n[1]);
}
```

A. 2　　　　　　　B. 1　　　　　　　C. 0　　　　　　　D. 3

任务 2　二维数组的定义和使用

任务描述

本任务将介绍二维数组的定义、数组元素的引用,在讲解二维数组元素的存放原则的基础上,来讲解二维数组初始化以及二维数组应用的一些基本算法。

任务准备

知识点 1: 二维数组的定义及元素引用

1. 二维数组的定义

二维数组是具有两个下标的数组。二维数组的定义形式如下:

数据类型标识符　　数组名[长度表达式 1][长度表达式 2]

例如:

int a[3][4];

该语句定义了一个名为 a 的二维数组。

(1) 数组 a 中每个元素都是 int 型。

(2) 数组 a 中共有 3×4 个元素。

(3) 数组 a 的逻辑结构是一个具有如下形式的 3 行 4 列的矩阵(或数据表格)。

	第 0 列	第 1 列	第 2 列	第 3 列
第 0 行	a[0][0]	a[0][1]	a[0][2]	a[0][3]
第 1 行	a[1][0]	a[1][1]	a[1][2]	a[1][3]
第 2 行	a[2][0]	a[2][1]	a[2][2]	a[2][3]

二维数组适合表示具有行和列的数据表格(矩阵)。二维数组的第一个下标称为行下标,用来标识数组元素所在行的行号;第二个下标称为列下标,用来标识数组元素所在列的列号。

行号与列号均从 0 开始。如元素 a[0][2] 位于数组 a 的第 0 行第 2 列的位置。

C 语言允许把二维数组按一维数组使用,只不过这个一维数组的每个元素,也是一个一维数组。如上文定义的数组 a,可以看成由 a[0]、a[1]、a[2] 这 3 个元素组成的一维数组,其中每个元素又是一个由 4 个元素组成的一维数组,如 a[0] 是由 a[0][0]、a[0][1]、a[0][2]、a[0][3] 组成的一个一维数组,a[0] 是这个一维数组的数组名。

2. 二维数组元素的引用

使用二维数组,像一维数组一样,也是把其元素作为变量单独使用。使用二维数组元素时,要求两个下标都必须给出具体值。使用二维数组的某个元素的形式如下:

```
数组名[下标1][下标2]
```

例如:

```
a[2][1] = 50;                //赋值
printf("%d",a[2][1]);        //作为调用函数的实参
```

把 a[2][1] 当成变量名便不难理解上述用法。使用时,每个下标均不允许越界。要想发挥二维数组的优势,也离不开与循环结构的配合使用。因为二维数组有两个可以变化的下标,故二维数组多与双重循环配合使用。如下面的代码段,实现为二维数组的每个元素赋值的功能。

```
int i,j, a[4][3];            //定义循环变量 i、j,4 行 3 列的二维数组 a
for(i = 0;i < 4;i++)         //循环变量 i 用作行下标
    for(j = 0;j < 3;j++)     //循环变量 j 用作列下标
        scanf("%d",&a[i][j]);//从键盘输入 a[i][j] 的值
```

C 语言采用行优先的方式来存储二维数组,即先在内存中顺序存储第一行(行标为 0)的所有元素,再存放第二行的所有元素,以此类推。

尽管二维数组是按行存储,但在实际应用中也可采用按列优先访问方式,如下面这段程序。

```
int i,j, a[4][3];
for(i = 0;i < 3;i++)
    for(j = 0;j < 4;j++)
        scanf("%d",&a[j][i]);
```

这段程序先输入第 1 列(列标为 0)的所有元素,然后输入第 2 列,以此类推。

【示例 1】 输入一个 3×4 矩阵,找出矩阵中负数的个数并输出。

```
#include<stdio.h>
main()
{
    int a[3][4];
    int i, j, count = 0;
    printf("输入一个 3*4 矩阵:\n");
        for(i = 0; i < 3; i++)
            for(j = 0; j < 4; j++)
            {   scanf("%d",&a[i][j]);
                if (a[i][j] < 0) count++;
            }
        printf("负数的个数 = %d",count);
}
```

程序运行结果：

```
输入一个 3 * 4 矩阵：
56  - 7   86  - 3
55 77  - 55 39
11  - 53   0 42
负数的个数 = 4
```

解析：对于二维数组统计小于 0 的数的个数，应该将二维数组按行逐一与 0 进行比较，如果小于 0，则 count 个数加 1。

📖 **想一想**

将示例 1 的题目改为：输入一个 3×4 矩阵，求出其中最大的那个元素的值，以及它们所在的位置？

编写程序，调试并运行，写出输出结果。

_____

_____

_____

_____

知识点 2：二维数组的初始化

在定义二维数组时给数组元素赋初值有以下几种形式。

(1) 分行全部赋值。利用大括号和逗号实现，内部的大括号个数与行数依次对应，表示行的括号内的元素也是依次对应。例如：

```
int b[3][4] = {{1,2,3,4},{5,6,7,8},{9,10,11,12}};
```

初始化的结果用二维表格表示如图 6-2 所示。

第1行元素的值	1	2	3	4
第1行元素下标	b[0][0]	b[0][1]	b[0][2]	b[0][3]
第2行元素的值	5	6	7	8
第2行元素下标	b[1][0]	b[1][1]	b[1][2]	b[1][3]
第3行元素的值	9	10	11	12
第3行元素下标	b[2][0]	b[2][1]	b[2][2]	b[2][3]

图 6-2   数组 b 分行全部赋值结果

相当于把二维数组 b 当成 3 个名字分别为 b[0]、b[1]、b[2] 的一维数组，外层大括号里的 3 对大括号，分别实现对 b[0]、b[1]、b[2] 这 3 个一维数组的初始化。

(2) 分行部分赋值。外层大括号里的大括号对，可以少于将这个二维数组当作一维数组用时它包含的一维数组的个数，内层大括号里的数据也可以少于一维数组的长度，对缺少的值，为对应元素赋初值 0。例如，int b[3][4]＝{{1,2,3,4},{5,6,7}};，初始化的结果用二维表格表示如图 6-3 所示。

把二维数组 b[3][4] 当成一维数组 b[0]、b[1]、b[2]，共有 3 个，而初始化语句中外层大括号里只有 2 个大括号对，故第 3 个一维数组 b[2] 的各元素均赋初值 0。第 2 个大括号对里只有 3 个数，而一维数组 b[1] 有 4 个元素，故其第 4 个元素 b[1][3] 赋默认值 0。这种方式常用

第1行元素的值	1	2	3	4
第1行元素下标	b[0][0]	b[0][1]	b[0][2]	b[0][3]
第2行元素的值	5	6	7	0
第2行元素下标	b[1][0]	b[1][1]	b[1][2]	b[1][3]
第3行元素的值	0	0	0	0
第3行元素下标	b[2][0]	b[2][1]	b[2][2]	b[2][3]

图 6-3　数组 b 分行部分赋值结果

在数组中非 0 元素较少的情况。若不给第 2 行赋值,则应写成如下形式:

```
int b[3][4] = {{1,2,3,4},{},{5,6,7}};
```

(3) 按一维数组的形式赋值。在一对大括号里不分行地给出数据,此时,系统将按行优先顺序为二维数组的元素从下标[0][0]开始依次赋值,若{}内列出的数字小于二维数组的元素总数,则{}里无数和其对应的元素赋默认值 0。

例如,int b[3][4]={1,2,3,4,5,6,7,8,9};,二维数组 b 有 12 个元素,{}内只有 9 个数,则认为后面补了 3 个 0,凑够 12 个数,以便一一对应赋值。

该语句实现的初始化结果用二维表格表示如图 6-4 所示。

第1行元素的值	1	2	3	4
第1行元素下标	b[0][0]	b[0][1]	b[0][2]	b[0][3]
第2行元素的值	5	6	7	8
第2行元素下标	b[1][0]	b[1][1]	b[1][2]	b[1][3]
第3行元素的值	9	0	0	0
第3行元素下标	b[2][0]	b[2][1]	b[2][2]	b[2][3]

图 6-4　数组 b 按一维数组的形式赋值结果

采用一维数组的形式赋值虽然书写更方便,但缺乏直观性,尤其在数组元素较多时容易遗漏。

(4) 如果提供全部的初值数据(无论是一维形式还是分行形式),此时可以不指定第一维的长度。例如:

```
int a[ ][3] = {1,2,3,4,5,6,7,8,9};
int a[ ][3] = {{1,2,3},{4,5,6},{7,8,9}};
```

系统根据{}里给出数据个数 M 和第二维长度 N 计算 a 的第一维长度,计算方法是 M 除以 N 的商向上取整:即如果商是整数,则商就是第一维的长度;如果商带小数,如 3.1,则向上取整把 4 作为第一维的长度。本例中二维数组 a 的第一维的长度是 9/3,即相当于定义了一个 3 行 3 列的数组。这样,除了少写一个长度之外,并没有其他好处。

无论第一维的长度是否省略,第二维的长度均不能省略,否则导致编译出错。

(5) 如果采用分行部分赋值形式初始化数组,则也可省略第一维长度,例如:

```
int a[ ][4] = {{1,2},{},{8,9,10,11}};
```

系统也可确定该数组为 3 行 4 列。

可以看出,C 语言在初始化数组时非常灵活,用户使用时非常方便,但需要花一定的精力去理解它。

【示例 2】 定义 3×2 的二维数组 a,数组元素的值由下式给出:

$$a[i][j] = i+j \quad (0 \leqslant i \leqslant 2, 0 \leqslant j \leqslant 1)$$

将该数组元素按矩阵的形式输出。

```c
# include < stdio.h >
 main()
{int i,j,a[3][2];
  for(i = 0;i < 3;i++)
   for(j = 0;j < 2;j++)
     a[i][j] = i + j;
     for(i = 0;i < 3;i++)
       {for(j = 0;j < 2;j++)
          printf(" % 4d",a[i][j]);
        printf("\n");
}
```

程序运行结果:

```
0   1
1   2
2   3
```

想一想

在示例 2 的基础上,考虑:不用输入,自动生成下列矩阵并输出。

1	2	3	4	5
1	1	6	7	8
1	1	1	9	10
1	1	1	1	11
1	1	1	1	1

编写程序,调试并运行,写出输出结果。

_____

_____

_____

任务实施

实例 1:矩阵转置。矩阵各元素存储到一个二维数组中,转置后存到另一个二维数组中。例如:

$$a = \begin{bmatrix} 1 & 4 & 7 & 10 \\ 2 & 5 & 8 & 11 \\ 3 & 6 & 9 & 12 \end{bmatrix} \text{转置后变成 } b = \begin{bmatrix} 1 & 2 & 3 \\ 4 & 5 & 6 \\ 7 & 8 & 9 \\ 10 & 11 & 12 \end{bmatrix}$$,a 是一个 3 行 4 列的矩阵,转置后变成

4 行 3 列的矩阵。

1．实例分析

根据题意,定义两个二维数组 a 与 b,且 a 的行数等于 b 的列数,a 的列数等于 b 的行数。数组 a 直接初始化为原矩阵,然后利用双重循环,把 a[i][j] 的值赋给 b[j][i]。

2．操作步骤

(1) 定义两个循环变量。

(2) 定义数组 a 和 b,并给数组 a 赋初值。

(3) 利用双重循环把 a[i][j] 的值赋给 b[j][i],注意二者的两个下标。

(4) 利用双重循环输出转置后的矩阵。

(5) 写出程序并调试运行。

```
#include <stdio.h>
main()
{




}
```

实例 2：输入 m×n 整数矩阵,将矩阵中最大元素所在的行和最小元素所在的行对调后输出(m、n 小于 10)。

1．实例分析

根据题意,首先确定二维数组各维长度。因为 m、n 都是未知量,要进行处理的矩阵行列大小是变量。但可以定义一个比较大的二维数组,只使用其中的部分数组元素,这是宽备窄用的设计思想。m、n 均小于 10,可以定义 10×10 的二维数组。

接着考虑实现题目要求。首先需要找到该二维数组的最大元素和最小元素,并记录最大元素和最小元素所在的行号 nMax 和 nMin。然后,使用循环,将 nMax 行的所有元素和 nMin 行的所有元素对换。

2．操作步骤

(1) 定义二维数组 Mat[m][n],变量 Min、Max 存储最小值、最大值,变量 nMax、nMin 存储最大值、最小值所在的行号。

(2) 输入矩阵的 m 和 n。

(3) 利用双重循环,实现将输入的数据依次存储到二维数组 Mat 中。

(4) 遍历二维数组的每个元素,记录最大元素所在的行号 nMax 和最小元素所在的行号 nMin。

(5) 将矩阵中最大数所在行和最小数所在行的元素按列对应互换。

(6) 利用双重循环输出结果。

（7）写出程序并调试运行。

```
# include < stdio. h >
main()
{




}
```

任务测试

根据任务2所学内容,完成下列测试。

1. 若定义 int a[2][3];,则对数组 a 元素的正确引用是(   )。

    A. a(1,2)   B. a[1,3]   C. a[1][1]   D. a[2][0]

2. 若定义 int b[3][4]={0};,则下述正确的是(   )。

    A. 此定义语句不正确

    B. 没有元素可得初值 0

    C. 数组 b 中各元素均为 0

    D. 数组 b 中各元素可得初值但值不一定为 0

3. 若有以下数组定义,其中不正确的是(   )。

    A. int a[2][3];

    B. int b[][3]={0,1,2,3,4,5,6,7,8};

    C. int c[100][100]={0};

    D. int d[3][]={{1,2},{1,2,3},{1,2,3,4}};

4. 若二维数组 c 有 m 列,则计算第 i 行第 j 列的元素在数组中的位置的公式为(   )。（假设行优先于列）

    A. i×m+j   B. j×m+i

    C. i×m+j−1   D. i×m+j+1

5. 若有以下定义语句,则表达式 x[0][0] * x[1][1]的值是(   )。

```
float x[3][3] = {{1.0,2.0,3.0},{4.0,5.0,6.0}};
```

    A. 0.0   B. 4.0   C. 5.0   D. 6.0

任务3　字符数组的定义和使用

任务描述

本任务主要介绍字符数组的定义、元素引用、初始化,在此基础上,介绍字符数组的输入/

输出方法及特点,让学生理解字符串结束符的作用。最后,介绍一些常用的字符串处理函数。

任务准备

前面在对数组的介绍中主要是针对整型和实型举例,在具体应用中,字符数组是常用的一种数组类型。字符数组即数组元素为字符型。字符数组可以存放字符串数据。

知识点 1:字符数组的定义和元素引用

C 语言没有提供用来定义字符串变量的数据类型。C 语言规定字符串需用 char 型的字符数组来存储,处理字符串可以通过处理存储它的字符数组来实现。

字符数组的定义类似于前面介绍的一维数组的定义,只是它的元素类型为 char,元素的下标仍从 0 开始。例如:

```
char s[6];
```

它有 6 个元素:s[0]、s[1]、s[2]、s[3]、s[4]、s[5]。

注意:

(1) 字符数组的每个元素存储一个字符,因此对数组元素应该赋予字符型或整型的值。

(2) 字符数组的一个元素所占存储空间是 1 字节,只能存放一个字符。字符串中字符排列是线性的,字符之间有位置前后关系,存储字符串不仅需要存储它包含的字符,还要存储各个字符之间的位置关系。一维字符数组的元素为字符串的字符提供存储空间,而某个元素的下标刚好表示了该元素所存储的字符在字符串中的位置序号。

例如:

```
char s1[10] = {'f', 'a', 's', 'h', 'i', 'o', 'n'};
```

定义了一个字符数组 s1 存放字符串"fashion",当然 s1 作为一个字符数组变量也可以存储其他字符串的内容。

(3) C 语言规定把字符'\0'作为字符串的结尾标记。因此,在存储字符串常量时自动在其末尾添加'\0'。例如,字符串常量"perfect"在内存中的表示如图 6-5 所示。

p	e	r	f	e	c	t	\0

图 6-5　字符串常量"perfect"在内存中的表示

(4) '\0'是 ASCII 码值为 0 的特殊字符。'\0'仅仅是被作为字符串的结尾标记,它不是字符串的组成字符,字符串的长度是指字符串中不含'\0'的字符个数。但使用字符数组存储字符串时,系统会自动把字符串的结束标记'\0'也用一个元素存储起来,因此,一个长为 n 的字符串,需要一个长度不小于 n+1 的字符数组才能存储它。如字符串"abc"的长度是 3,存储它的字符数组的长度至少为 4。

(5) '\0'也是一个字符,字符数组中的任意一个元素都可以存储它,因此,字符数组中可以存储多个'\0',但如果把字符数组所存储的字符序列作为字符串处理,则字符数组存储的第一个'\0'之后的字符就不再是字符串的组成部分。例如:

```
char A[10] = "ABC\0DE\0\0F";
```

系统认为字符数组 A 中存储的字符串是"ABC"。如果执行 puts(A);或 printf("%s",

A);，均输出 ABC，说明第一个 '\0' 之后的字符不是字符串的字符。第一个 '\0' 之后的字符虽然不被视为字符串的内容，但允许把它们当作数组 A 的一个元素，通过下标来访问它。如果执行 putchar(A[5]);或 printf("%c",A[5]);，均输出字符 'E'，说明可以单独使用字符数组的某个元素。

（6）字符数组的定义和元素引用的规则和前面任务中所述的数组规则完全相同。

【示例 1】 检测某一给定字符串中的字符数，不包括结束符 '\0'。

```
main()
{ char str[ ] = {"string"};
  int i = 0;
  while (str[i]!= '\0')  i++;
  printf("字符串的长度是: %d\n", i);
}
```

程序运行结果：

字符串的长度是: 6

想一想

将示例 1 中的字符串改为 char str[ ]="string\0de\0\0chang";，看看程序运行结果有什么变化？

调试并写出输出结果。

知识点 2：字符数组的初始化

字符数组专为存储字符串而存在，字符数组初始化即在定义字符数组的语句中给数组赋初值，例如，char str[10]="hello";。这样，系统在为字符数组分配存储空间之后，立即将指定的字符串存储到数组所分配的存储空间。如果只定义字符数组但不对其初始化，则字符数组各元素所存储值并不确定。如下面的程序：

```
# include < stdio. h>
main()
{
    char s[5];                //定义字符数组 s,其各元素的初值不确定,不一定都是 0
    int i;
    for(i = 0;i < 5;i++)
     printf("%4d",s[i]);     //按整数形式输出数组 s 中各元素的值
}
```

程序运行结果：

 - 96 - 83   50   38   - 7

上述程序说明，未进行初始化的字符数组各元素的值是不确定的，不一定都是字符 '\0'。

字符数组的初始化有两种方式。

（1）用{}里的多个字符为数组各元素赋初值。当使用这种方式为数组初始化时，把{}里字符从左到右依次存入数组的下标从 0 开始的元素中，如果{}里给出的字符个数少于数组长

度,则没有字符对应的元素存入默认值'\0'。例如:

```
char str[7] = { 'h','e','l','l','o' };
```

元素 str[0]里存入字符'h',而元素 str[5]、str[6]存入默认值'\0'。

(2) 用字符串常量初始化。例如:

```
char str1[10] = {"hello"};
习惯上省略花括号,即 char str1[10] = "hello";
等价于 char str2[10] = { 'h','e','l','l','o' };
```

这种方式对字符数组 str1 初始化时,虽然书写的字符串常量"hello"的末尾没有'\0',但在存储字符串时会在末尾自动加上'\0'。数组 str2 在初始化时,前 5 个元素 str2[0]~str2[4]被依次存入'h'、'e'、'l'、'l'、'o'作为初值,后 5 个元素 str2[5]~str2[9]无对应的字符,均被赋值 0,而 0 就是字符'\0'的 ASCII 码值。根据这个规定,上面 str1 和 str2 初始化之后所存储的字符串是相同的。

所以,初始化一个字符数组,可以使用:

```
char str[8] = { 'h','e','l','l','o' };   //str[5]及其后的元素赋值 0,恰好作为字符串的结束标记
```

也可以使用:

```
char str[8] = "hello";        //用字符串常量初始化字符数组,会自动把'\0'存入 str[5]
```

这两条语句执行之后,在内存中,字符数组 str 各元素所存储的数据是一样的,如图 6-6 所示,实际存储的是字符的 ASCII 码值。如元素 str[0]存储的是字符'h'的 ASCII 码值 104,元素 str[5]存储的是字符'\0'的 ASCII 码值 0。

104	101	108	108	111	0	0	0
str[0]	str[1]	str[2]	str[3]	str[4]	str[5]	str[6]	str[7]

图 6-6　字符数组 str 各元素所存储的数据

注意:以下两种对字符数组进行初始化的语句是有语法错误的。

(1) 定义字符数组和赋初值不在同一个语句。例如:

```
char str[10];              //定义字符数组,系统分配存储空间,数组名就是存储空间的首地址
str = "abcde";             //数组名 str 是数组的地址,是常量,不能用来存储字符串
str[10] = "abcde";         //赋值运算符左侧的 str[10]是指数组 str 下标为 10 的元素错误
```

只有在数组定义语句中,[]里的数才是数组的长度值,其他地方,[]里的数都是元素的下标。在语句 str[10]="abcde";里,赋值运算符左侧的 str[10]是指数组 str 下标为 10 的元素,它只能存储一个字符,因此,这个语句试图把字符串"abcde"存入数组元素 str[10]是无法实现的,这是语法错误。

(2) 试图用一个数组初始化另一个数组。

```
char str1[10] = "hello";   //定义数组 str1,并将字符串"hello"存入其中,初始化
char str2[10] = str1;      //试图用数组 str1 初始化数组 str2,语法错误
str2 = str1;               //语法错误,数组名 str2 是常量,它没有存储能力,不能给它赋值
```

错误原因是：str1 是数组名，它是个地址常量，不代表数组里存储的字符串。char str2
[10]＝str1;试图用一个地址初始化数组 str2,语法错误。

若是将一个数组的内容赋给另一个数组,首先这两个数组的数据类型应相同。一般使用
循环结构来实现：

```
char A[10],B[10] = "C is perfect!";
int i = 0;
while(B[i]!= '\0')        //当元素 B[i]的字符不等于'\0',说明数组 B 中的字符串还有字符
    {
     A[i] = B[i];         //将元素 B[i]的值存储到元素 A[i]中
     i++;                 //i 的值作为元素下标,i 的值增 1,去处理下一个元素
    }
```

while 后的表达式也可以是 while(B[i]),这巧妙地利用了 C 语言对逻辑值的规定,即把 0
作为逻辑值假,只要是不等于 0 的数都被视为逻辑值真,因此,当元素 B[i]的值不等于 0 时,
B[i]的值本身就是逻辑值真,而 B[i]的值不为 0 时,表达式 B[i]!＝'\0'的值为 1,B[i]与
B[i]!＝'\0'都是真,因此,while(B[i])与 while(B[i]!＝'\0')完全等价。

【示例 2】 输入一个以回车结束的字符串(少于 80 个字符),统计其中数字字符的个数。

```
# include "stdio. h"
main()
{int i = 0,count = 0;
char str[80];
    while((str[i] = getchar())!= '\n')
    i++;
    str[i] = '\0';
        for(i = 0;str[i]!= '\0';i++)
          if(str[i]<= '9'&&str[i]>= '0')
            count++;
    printf("数字字符的个数 = % d\n",count);
}
```

程序运行结果 1：

```
Hkgkhkhuuuuuy123df45fg78hgf6gffgfff9hhhf0ghgghg
数字字符的个数 = 10
```

程序运行结果 2：

```
120323hjdsfjfdsjfjsfgjs  78 0 yrwuertuwrw
数字字符的个数 = 9
```

想一想

将示例 2 改为：输入一个以回车结束的字符串(少于 10 个字符),它由数字字符组成,将
该字符串转换成整数后输出。

编写程序,调试并运行,写出输出结果。

_____

_____

_____

_____

知识点 3：字符数组的输入、输出

同其他类型的数组一样,字符数组的输入与输出可以逐个元素进行处理;但由于字符数组本质上存储的是字符串数据,因此字符数组也可以按照字符串形式处理,可以整体输入和输出。

1. 使用 printf()函数对字符数组进行输出

使用 printf()函数输出字符数组所存储的字符串分为两种:①逐个字符输出,即用格式符%c;②将整个字符串输出,即用格式符%s。

```
int i;
char str[20] = "hello";
printf("%s",str);            //输出字符串 hello
```

与下面不同:

```
for(i = 0;i < 5;i++)
printf("%c",str[i]);         //逐元素输出所存储的字符,事实上也是输出字符串 hello
```

注意:

(1) 约定数据为字符串的格式符是%s,如 printf("%s","ABCD");,表示把%s用字符串常量"ABCD"替换后作为一个字符串输出。如果要输出的是字符串常量,则如此书写画蛇添足,习惯上直接写作 printf("ABCD");,%s用在 printf()函数中,主要是通过把%s替换为一个字符串,从而实现拼接成一个较长的字符串,如 printf("输出的字符串是%s","ABCD");,用"ABCD"替换%s,拼成一个长的字符串"输出的字符串是 ABCD"并输出。

(2) 如果要输出某个存储在字符数组中的字符串,则应使用 printf("%s",str);,其中,str是存储字符串的数组的名字。语法要求,printf()函数中,与%s对应位置的实参,必须是一个字符串常量,或者是存储字符串的存储空间的地址,也就是字符数组的名字。

(3) printf("%s",str);的第二个参数,如果实参给出的是一个字符数组的名称,在输出时从下标为 0 的元素开始输出,遇到第一个'\0'时输出结束。如果实参是数组某个元素的地址,则输出时从这个元素开始,直到遇到'\0'方才结束输出。例如:

```
printf("%s",&str[3]);
```

实参 &str[3]指出从数组 str 的下标为 3 的元素开始输出,直到第一次遇到'\0'。

2. 使用 scanf()函数对字符数组进行输入

scanf()函数把从键盘输入的字符序列作为一个字符串存储起来,形式如下:

```
scanf("%s",str);
```

其中,str 是字符数组名,与%s对应的实参必须是一个地址,系统将把输入的字符序列当作字符串存储到以这个地址为起始位置的一块存储空间里。这个地址一般是字符数组的名字,也可以是其他形式的地址,例如:

```
scanf("%s",&str[3]);
```

&str[3]的值是元素 str[3]的地址,输入的字符串将从 str[3]开始存储。

注意:使用 scanf()函数输入字符串有个很大弊端,即它会把空格作为一个字符串的输入

结束,如输入 I Love C,则系统只把第一个空格之前的字符截取出来作为字符串存储,而事实上,特别在英文句子中,空格非常多并且必须作为字符串的组成部分,对于需要把空格作为字符串内容的场景,使用 scanf()函数将不能达到预期效果。例如:

```
char str1[5],str2[5],str3[5];
scanf("%s%s%s",str1,str2,str3);
```

若输入数据为 This is a C Program,则实际存储如图 6-7 所示,证明空格被系统用作了字符串的分隔符。

T	h	i	s	\0	str1数组
i	s	\0	\0	\0	str2数组
a	\0	\0	\0	\0	str3数组

图 6-7　数组 str1、str2、str3 在内存中实际存储

3. 使用 puts()函数与 gets()函数对字符数组进行整体输入与输出

在使用 puts()函数与 gets()函数之前,应包含头文件 stdio.h。

1) puts()函数

puts()函数的功能是输出字符串并换行,其调用方式如下:

```
puts(str);
```

注意:

(1) 参数 str 指出要输出的字符串,可以是字符串常量,也可以是存放字符串的存储空间的首地址,一般是存储字符串的数组名字。功能与 printf("%s\n",str);相同。puts()函数在输出字符串后会自动输出一个换行符,把光标移到下一行首。而 printf()函数需要在字符串中写有'\n'才能实现输出换行符。

(2) puts()函数只能输出字符串,不能像 printf()函数那样可以通过格式控制字符串对字符串的输出样式进行设置。如 printf("3 * 5=%d",3 * 5);将输出双引号中的字符串,其中的%d 被后面的那个参数,表达式 3 * 5 的值替换,%d 被替换后得到一个新字符串并输出,这种功能 puts()函数是不具备的,puts()函数只能输出参数指定的一个固定的字符串。

2) gets()函数

gets()函数的功能是从键盘上输入一个字符串赋给该数组。格式如下:

```
gets(字符数组名);
```

注意:

(1) gets()函数从缓冲区中连续地读取字符,直到读到回车符或读到文件结尾标记为止。系统把所读取的最后一个字符(回车符或文件结尾标记)换作'\0',作为字符串结束标记,认为一个字符串读取完成。

(2) 若 gets()函数读取字符串成功,则函数的返回值是存放字符串的存储空间的首地址,是一个非 0 的数。若 gets()函数读取字符串失败,函数返回 0。

(3) 如果字符串读取失败,则后续代码若有对该字符串的操作,就将引发逻辑错误。因此,类似这样,因函数调用不成功会对后续代码产生逻辑错误影响的,为了程序更健壮,应对函

数的返回值进行判断并给出相应的处理。如写作：

```
if( gets(str)!= 0 )
    语句 1;                    // 成功执行 gets( )函数后应执行的语句
else                           //否则,即 gets( )函数调用失败,返回 0
    {
      puts("gets()函数执行失败!");  //输出错误提示信息
      return;                  //退出当前函数。如果该语句在 main()函数中,return 将结束程序
    }
```

（4）gets( )函数接收字符串时仅以回车符为字符串的输入结束,而 scanf("％s",s)；接收字符串时会把空格也当成字符串的结束,因此,scanf( )函数无法接收包含空格的字符串,但 gets( )函数可以。

【示例 3】 字符串输入、输出示例。

```
# include < stdio. h >
main( )
{int i;
char str1[25] = {"You are perfect\0 good"};
char str2[25] = {"You are perfect good"};
printf("％s\n",str1);
    puts(str1);
    printf("％s\n",str2);
    puts(str2);
    puts("thank you!\0abc\n");
    puts("thank you!abc\n");
}
```

程序运行结果：

```
You are perfect
You are perfect
You are perfect good
You are perfect good
thank you!
thank you!abc
```

想一想

在示例 3 的基础上,再考虑下面这个程序的输出结果。

```
# include < stdio. h >
main( )
{
    char str1[30],str2[30];
        printf("请输入 str1:\n");
          scanf("％s", str1);
            printf("请输入 str2:\n");
                scanf("％s", str2);
                  printf("str1:％s\n,str2:％s\n",str1,str2);
}
```

（1）调试并写出输出结果。

（2）分析原因。

知识点4：字符串处理函数

C语言的函数库中提供了许多字符串处理函数，使用户能方便地处理字符串。这里介绍一些常用的字符串处理函数：字符串比较函数 strcmp(s1,s2)、字符串复制函数 strcpy(s1, s2)、字符串连接函数 strcat(s1,s2)、求字符串长度函数 strlen(s)。以下内容介绍的字符串处理函数的原型声明均在头文件 string. h 中，因此，使用这些函数，程序开头须加上 #include < string. h >。

1. 字符串比较函数 strcmp(s1,s2)

字符串比较，是指比较两个字符串是否相等、大于、小于。C语言不允许使用关系运算符 >、<、== 对两个字符串进行比较，即若书写语句 if("abc" == "123")...;，试图用 == 运算符构造表达式以判断两个字符串的相等关系是否成立，会造成语法错误。

C语言提供了进行字符串比较的库函数 strcmp(s1,s2)，函数的功能是判断两个字符串的大于、小于、相等关系。两个形参代表两个参与比较的字符串。字符串比较的规则是：将两个字符串从左至右逐个字符按照 ASCII 码值进行比较，直到出现不相等的字符或遇到 '\0' 为止。如果所有字符都相等，则这两个字符串相等，返回 0。如果出现了不相等的字符，则计算两个字符串的第一对不相等字符的 ASCII 码的差值，如果差值为正，返回 1，否则，返回 -1。

例如，设字符串 1 为"abc"，字符串 2 为"abcd"，两个字符串的前 3 个字符均相等，字符串 1 的第 4 个字符是默认的 '\0'，字符串 2 的第 4 个字符为 'd'，这是首次出现对应位置的字符不相同，就将这两个字符的 ASCII 码值相减，字符 '\0' 与 'd' 的 ASCII 码值分别为 0 与 100，0 - 100 为负数，返回 -1。

注意：

（1）字符串比较函数 strcmp(s1,s2) 的调用形式如下：

```
if( strcmp(字符串 1,字符串 2) != 0)...;
```

也即 strcmp() 函数多用于构造 if 语句的条件表达式。虽然单独使用也是允许的，例如：

```
strcmp("abc","123");
```

但这没有实用的意义，因为虽然这个语句实现了两个字符串的比较，但比较结果没有保存，无法用于后续语句。

（2）调用 strcmp() 函数时，两个实参可以是字符串常量，如 strcmp("abc","123");，也可以是存储字符串的首地址，即数组名。如下面的例子。

```
char s1[100],s2[100];        //创建两个一维字符数组
int i;
scanf("%s%s",s1,s2);         //获取两个不带空格的字符串依次存入数组 s1、s2,
    i = strcmp(s1,s2);       //将 s1、s2 存储的字符串进行比较后的结果赋给变量 i
        if(i == 0)
            printf("s1 == s2");
        else if(i > 0)
            printf("s1 > s2");
    else
        printf("s1 < s2");
```

（3）不能直接比较两个字符数组的名称来决定两者是否相等。以下代码会导致逻辑错误：

```
if(s1 == s2)  printf("same!");
```

因为 s1 和 s2 是数组名，它们代表的是数组的首地址，任何两个不同的数组，系统为它们分配的存储空间是不相同的，因此，它们的首地址也不可能相等，也就是表达式 s1==s2 的值永远为 0，后面的 printf("same!");永远不被执行，这是逻辑错误。

2. 字符串复制函数 strcpy(s1,s2)

C 语言规定把字符串存储在字符数组里，当需要将一个字符数组 s1 里存储的字符串复制到（赋值给）另外一个字符数组 s2 时，直接像基本类型变量之间赋值那样，写作 s2=s1 是错误的，因为数组的名字是个表示存储单元地址的符号常量，常量没有分配存储空间，是不能接受赋值的。

C 语言提供了字符串复制函数 strcpy(s1,s2)，实现两个字符数组之间进行字符串赋值。

函数功能：把第 2 个形参指定的字符串复制到第 1 个形参指定的存储空间里。

注意：s1 存储空间应预留足够大，否则，所复制的字符串在存储时将溢出，溢出部分会顺序存储在这块存储空间之后，即侵占了别的存储空间，如果被侵占的存储空间存储了其他重要数据，将会引发程序崩溃的安全隐患。不过，这极少发生，这里作此说明，是让读者建立内存操作的安全意识。存储空间自己申请多少用多少，溢出使用虽然不见得每次都立即出问题，但毕竟存在"越权访问"的安全隐患。

说明：

（1）s1：此形参必须是一个存储空间的地址，因为它要指定用来存储被复制字符串的存储空间。

（2）s2：指定被复制的源字符串，可以是源字符串本身，如 strcpy(s1,"asd");，也可以存放源字符串的存储空间的首地址，即字符数组的名字。如果字符数组里包含多个 '\0'，则只将第 1 个 '\0' 及其之前的字符作为字符串存储到第 1 个参数所指定的存储空间里。

（3）返回值：如果函数执行成功，返回存储所复制字符串的存储空间的地址。如果函数执行失败，返回何值不详。无论在何处，只要发生 strcpy(s1,s2)执行失败，程序便会终止运行，返回操作系统界面。如下面的例子。

```
#include<stdio.h>
#include<string.h>
main()
{
    char s1[4],s2[40] = "sadfa";
    printf("字符数组 s1 的首地址 = %d\n",s1);
    printf("存放目的字符串的存储空间地址 = %d\n",strcpy(s1,s2));
    printf("存放目的字符串的存储空间地址 = %d\n",strcpy("sfsa",s2));
    printf("strcpy()执行失败后的语句不再执行,直接退出程序");
}
```

程序运行结果：

```
字符数组 s1 的首地址 = 6684176
存放目的字符串的存储空间地址 = 6684176
```

程序包含了 4 条 printf()语句，正常执行应输出 4 行文字，但运行结果只输出前两个

printf()语句的字符串,这说明了以下两点。

(1) 第 2 个 printf()语句成功执行了 strcpy(s1,s2),即把数组 s2 存储的字符串赋值给以 s1 为地址的存储空间中,并把 s1 作为函数的返回值。因此,前 2 个 printf()语句输出的地址都是 s1 的地址 6684176。

(2) 第 3 个 printf()语句本意要输出 strcpy("sfsa",s2)执行失败时的返回值。因为第一个参数是个字符串常量,它无法为 s2 中的字符串提供存储空间,因此 strcpy()调用肯定失败。但 strcpy()函数不做安全性检查,执行失败会直接退出程序,因此,程序的后两个 printf()语句均未正常执行。

3. 字符串连接函数 strcat(s1,s2)

字符串连接,是指将第 2 个字符串拼接到第 1 个字符串尾部,形成一个新字符串。由于 C 语言把'\0'作为字符串的结尾标记,因此字符串连接时,需将第 2 个字符串的首字符替换第 1 个字符串的'\0'。

strcat(s1,s2)函数的功能:将第 2 个形参指代的字符串拼接到第 1 个形参指代的字符串的尾部,形成一个新的字符串并存储到以第 1 个形参为地址的存储空间中。

例如:

```
char s1[50] = "Good";
char s2[] = "morning";
strcat(s1,s2);        //将 s2 所存储的字符串拼接到 s1 所存储字符串的尾部
printf("%s",s1);      //结果输出:Goodmorning
```

说明:

(1) 调用 strcat(s1,s2)函数的实参要求:第 1 个参数必须是一个 char 型变量的地址,用它来指出一块可以存储拼接后字符串的存储空间,如果第 1 个参数给的是个字符串常量,strcat(s1,s2)调用出错。第 1 个参数通常是字符数组的名字;第 2 个参数,可以是字符串常量,也可以是存储字符串的数组名。

(2) 返回值:如果函数执行成功,返回存储所拼接字符串的存储空间的地址。如果执行失败,返回何值不详。无论在何处,只要发生 strcat(s1,s2)执行失败,程序便会终止运行,返回操作系统界面。

4. 求字符串长度函数 strlen(s)

功能:求出参数所指代字符串的长度,即不包含'\0'的字符个数。

形参:指代字符串,调用时,可以是一个字符串常量,如 strlen("123ab");,也可以是一个字符数组的名字。

例如:

```
char str[] = {'H', 'o', 'w', '\0', 'a', 'r', 'e', '\0', 'y', 'o', 'u', '\0'};
                              //字符数组有意存储多个'\0'
printf("%d",strlen(str));      //strlen(str)求出的是 str 数组里第一个'\0'前字符个数
                              //输出结果为 3
```

【示例 4】 有 3 个字符串,要求找出其中最大者。

```
# include < stdio. h >
# include < string. h >
main()
```

```
{char string[20];
    char str[3][20];
    int i;
        for(i = 0;i < 3;i++)
        gets(str[i]);
            if(strcmp(str[0],str[1])> 0)strcpy(string,str[0]);
            else strcpy(string,str[1]);
            if(strcmp(str[2],string)> 0)strcpy(string,str[2]);
    printf("\n最大的字符串是%s\n",string);
}
```

程序运行结果：

```
hello
world
thank
最大的字符串是 world
```

想一想

将示例 4 程序改为：输入 5 个不多于 7 个字符的字符串，输出其中最大的。
调试并写出输出结果。

任务实施

实例 1：判断一个字符串是不是回文字符串。回文字符串就是正读和反读都一样的字符串。比如，"agpga"是一个回文字符串。

1. 实例分析

回文字符串的特征是，如果字符数组有 n 个元素，那么 a[0]和 a[n−1]是相同的；a[1]和 a[n−2]是相同的，以此类推。可以用一个循环结构比较 n/2 次，就可以得到结果。如果 n 为偶数，比较进行 n/2 次。如果 n 为奇数，a[n/2]这个元素正好是 n 个元素的中间元素，不用进行比较，也进行 n/2 次。

2. 操作步骤

（1）定义字符数组 s[100]和变量，用变量 nRseult 作为标记，值为 1 表示回文。
（2）输入字符串，求字符串的长度并存入变量 nLen。
（3）使用 for 语句和 if-else 语句比较下标 0 到下标 nLen/2 字符是否与其对应下标的字符相同，补全程序，实现功能。

```
#include < stdio.h >
#include < string.h >
main()
{



}
```

实例 2：编写验证密码的登录程序,输入密码正确,进入系统,输入错误允许重输,若输入错误 3 次,给出错误提示并退出程序。简单起见,认为密码是固定的。

1. 实例分析

按照题目描述,需要设置一个字符串来存储密码,假设密码最长为 19 位。根据题意可以最多输 3 次密码,所以需要用循环结构来解决重复判断输入的密码与正确密码字符串是否相同,相同则退出循环,不同则控制输入密码次数的循环变量加 1,重复至循环变量变为 3 退出循环。

2. 操作步骤

(1) 定义循环变量 i 和存储用户输入密码的字符串 UserMM[20]。

(2) 设计 for 语句和判断与密码是否一致的 if-else 语句。

(3) 按要求写出程序。

```
# include < stdio. h >
# include < string. h >
main( )
{



}
```

任务测试

根据任务 3 所学内容,完成下列测试。

1. 下述对 C 语言字符数组的描述中错误的是(   )。

  A. 字符数组可以存放字符串

  B. 字符数组中的字符串可以整体输入、输出

  C. 可以在赋值语句中通过赋值运算符＝对字符数组整体赋值

  D. 不可以用关系运算符对字符数组中的字符串进行比较

2. 不能把字符串 Hello!赋给数组 str 的语句是(   )。

  A. char str[10]＝{ 'H', 'e', 'l', 'l', 'o', '!' };

  B. char str[10];str＝"Hello!";

  C. char str[10];strcpy(str,"Hello!");

  D. char str[10]＝"Hello!"

3. 合法的数组定义是(   )。

  A. int a[]＝"string";   B. int a[5]＝{0,1,2,3,4,5};

  C. int s＝"string";   D. int a[]＝{0,1,2,3,4,5};

4. 以下程序运行后,输出结果是(   )。

```
# include < stdio. h >
# include < string. h >
main( ) {
```

```
    char arr[2][4];
    strcpy(arr[0], "you");
    strcpy(arr[1], "me");
    arr[0][3] = '&';
    printf("%s\n", arr);
}
```

  A. you&me   B. you   C. me   D. err

5. 以下程序运行后,输出结果是(　　)。

```
#include<stdio.h>
main() {
char w[ ][10] = {"ABCD", "EFGH", "IJK", "LMN"}, k;
for (k = 0; k < 1; k++)
    printf("%s", w[k]);
}
```

  A. A   B. ABCD   C. IJK   D. EFGH

综 合 练 习

根据项目所学内容,完成下列练习。

一、单项选择题

1. 下列程序的主要功能是输入 10 个整数存入数组 a,再输入一个整数存入变量 x,在数组 a 中查找 x。找到则输出 x 在 10 个整数中的序号(从 1 开始);找不到则输出 0。程序缺少的是(　　)。

```
#include<stdio.h>
main()
{
    int i,a[10],x,flag = 0;
    for(i = 0;i < 10;i++)
    scanf("%d",&a[i]);
    scanf("%d",&x);
    for(i = 0;i < 10;i++)if _____{flag = i + 1;break;}
    printf("%d\n",flag);
}
```

  A. x!=a[i]   B. !(x−a[i])   C. x−a[i]   D. !x−a[i]

2. 以下程序运行,如果输入 4<回车>,则输出结果是(　　)。

```
#include<stdio.h>
main()
{ int a[20] = {1,2,3,4,5, − 1, − 2, − 3, − 4, − 5,1,2,3,4,5, − 1, − 2, − 3, − 4, − 5};
  int i,m,n,f = 0;
  scanf("%d",&n);
  for(i = 0;i < 20;i++)
    if(a[i] == n) { f = 1;m = i; }
    if(f!= 0) printf("%d, %d\n", n,m + 1);
    else printf(" %d not found !\n",n);
}
```

　　A. 4,4　　　　　　　B. 4,14　　　　　　C. 4,5　　　　　　　D. 4,15

3. 下面程序运行后,输出结果是(　　　)。

```
# include < stdio. h >
main()
{ int a[10] = {1,2,3,4,5,6},i,j;
  for(i = 0;i++< 3;)
    { j = a[i];a[i] = a[5 - i];a[5 - i] = j;}
  for(i = 0;i < 6;i++) printf("% d ",a[i]);
}
```

　　A. 6 5 4 3 2 1　　　B. 1 2 3 4 5 6　　　C. 1 5 4 3 2 6　　D. 1 5 3 4 2 6

4. 以下程序的输出结果是(　　　)。

```
# include  < stdio. h >
main()
{ int a[ ] = {1,2,3,4,5},i,j,s = 0;
  j = 1;
  for(i = 4;i >= 0;i -- )  { s = s + a[i] * j;j = j * 10;}
  printf("s = % d\n",s);
}
```

　　A. s=12345　　　B. s=1 2 3 4 5　　　C. s=54321　　　D. s=5 4 3 2 1

5. 下面程序的输出结果是(　　　)。

```
# include  < stdio. h >
main()
{
  int a[10] = {1,2,3,4,5,6,7,8,9,10};
    printf("% d\n",a[a[1] * a[2]]);
}
```

　　A. 3　　　　　　　　B. 4　　　　　　　　C. 7　　　　　　　　D. 2

6. 假设定义数组并初始化：int a[2][3]={1,2,3,4,5,6},则下面语句正确的是(　　　)。

　　A. a[1][2]=2　　　B. a[2][3]=6　　　C. a[2][0]=4　　　D. a[1][3]=6

7. 以下对二维数组进行正确初始化的是(　　　)。

　　A. int a[ ][3]={1,2,3,4,5,6};　　　　B. int a[2][3]={{1,2},{3,4},{5,6}};

　　C. int a[2][ ]={1,2,3,4,5,6};　　　　D. int a[2][ ]={{1,2},{3,4}};

8. 下面程序的输出结果是(　　　)。

```
char c[5] = {'a','b','\0','c', 'c', '\0'};
printf{("% s",c);}
```

　　A. 'a''b'　　　　　B. ab　　　　　　　C. abc　　　　　　　D. abcc

9. 若有定义和语句：char s[10];s＝"abcd";printf("%s\n",s);,则输出结果是(以下 u 代表空格)(　　　)。

　　A. 输出 abcd　　　　　　　　　　　B. 输出 a

　　C. 输出 abcduuuuu　　　　　　　　　D. 编译不通过

10. 对字符数组进行初始化,(　　　)形式是错误。

A. char c1[ ]={'1', '2', '3'};　　　　B. char c2[ ]=123;

C. char c3[ ]={ '1', '2', '3', '\0'};　D. char c4[ ]="123";

二、填空题

1. 数组名为 a,有 10 个 int 型元素,这个一维数组的定义方式为_____。

2. int a[10]={1,2,3,4,5},a[5]的值为_____。

3. 定义一个二维数组 a[3][4],共有_____个元素。

4. 若有定义语句:int b[4][4];,按在内存中存放的顺序,数组 b 的第 8 个元素是_____。

5. 字符数组是一种_____类型的数组,用于存储一系列字符组成的字符串。

6. 认真阅读下列程序段,写出程序的运行结果_____。

```c
# include < stdio. h>
main() {
    int a[] = {5, 4, 3, 2, 1};
    int sum = 0;
    int i;
    for (i = 0; i < 5; i++) {
        sum += a[i];
    }
    printf("sum = % d\n", sum);
}
```

7. 认真阅读下列程序段,写出程序的运行结果_____。

```c
# include < stdio. h>
main() {
    int arr[5] = {1, 2};
    int i;
    for(i = 0; i < 5; i++) {
        printf("% d ", arr[i]);
    }
}
```

8. 认真阅读下列程序段,写出程序的运行结果_____。

```c
# include < stdio. h>
main() {
    int arr[5];
    int i;
    for(i = 0; i < 5; i++) {
        arr[i] = i * 2;
    }
    for(i = 0; i < 5; i++) {
        printf("% d ", arr[i]);
    }
}
```

9. 认真阅读下列程序段,写出程序的运行结果_____。

```c
# include < stdio. h>
main() {
    int arr[2][2] = {{1}, {2, 3}};
```

```
    int i, j, sum = 0;
    for (i = 0; i < 2; i++)
        for (j = 0; j < 2; j++)
            sum += arr[i][j];
    printf(" % d", sum);
}
```

10. 认真阅读下列程序段,写出程序的运行结果_____。

```
# include < stdio. h >
main() {
    int a[3][3] = {1, 2, 3, 4, 5, 6, 7, 8, 9};
    int i, sum = 0;
    for (i = 0; i < 3; i++)
        sum += a[i][i];
    printf("sum = % d", sum);
}
```

三、补全代码题

1. 甜甜的班级内有 10 个学生,模拟考试结束后,甜甜想找出班级内成绩低于平均成绩的人数并输出人数和分数。

```
# include < stdio. h >
main() {
    float a[10], sum = 0, avg;
    int i, count = 0;
    for (i = 0; i < 10; i++)
    {
        scanf("_____",_____);
        sum = _____;
    }
    avg = sum / 10;
    for (i = 0; i <= 9; i++) {
        if (_____)
        {
            count = _____
            printf(" %7.2f", a[i]);
        }
    }
    printf(" % 3d", count);}
```

2. 输出杨辉三角形(要求输出 10 行)。杨辉三角形前 6 行如图 6-8 所示。

```
                1
                1  1
                1  2  1
                1  3  3  1
                1  4  6  4  1
                1  5  10  10  5  1
```

图 6-8　杨辉三角形前 6 行

```
# include < stdio. h >
main() {
    int _____, i, j;
    for(i = 0;i < 10;i++) {
```

```
        a[i][0] = 1;
        _____ = 1;
    }
    for(i = 2; i < 10; i++) {
        for(j = 1; j <= i - 1; j++) {
            a[i][j] = _____;
        }
    }
    for(i = 0; i < 10; i++) {
        for(j = 0; _____; j++)
            printf("%d ", _____);
        printf("\n");
    }
}
```

3. 输入一行字符串，统计字符串中的字母的个数。

```
#include<stdio.h>
main() {
    _____ s[100];
    int i, k = 0;
    _____ (s);
    for (i = 0; _____; i++)
        if (s[i] >= 'a' && s[i] <= 'z' _____ s[i] >= 'A' && s[i] <= 'Z')
            _____;
    printf("k = %d\n", k);
}
```

4. 输出给定二维数组 a 中的最大值和它的行号和列号。

```
#include<stdio.h>
main() {
    int i, j;
    int row, column, max;
    int _____ = {{1, 2, 3, 4}, {9, 80, 7, 6}, {-10, 10, -5, 2}};
    for (i = 0; i < 3; i++) {
        for (j = 0; j < 4; j++) {
            printf("%3d ",a[i][j]);
        }
        printf("\n");
    }
    printf("------------------\n");
    max = _____;
    for (i = 0; i < 3; i++) {
        for (j = 0; j < 4; j++)
            if (_____) {
                max = a[i][j];
                row = _____;
                column = _____;
            }
    }
    printf("max = %d\n", max);
    printf("行号是：%d\n", row + 1);
    printf("列号是：%d\n", column + 1);
}
```

5. 电子邮箱必须有@，且@两端必须有字符，否则输出错误。如 abc@、111@ 都不对。请在空白处补充语句实现功能。

```
# include < stdio. h >
# include < _____ >
main ( ) {
    char s[100];
    int i, x, bj = 0;
    _____ (s);
    x = strlen(s);
    for (i = 0; _____ ; i++) {
        if (s[i] == '@' && _____ && s[x - 1] != '@')
            bj = 1;
    }
    if ( _____ )
        printf("符合");
    else
        printf("不符合");
}
```

四、编程题

1. 设计程序,程序的功能为输入 10 个学生的成绩,输出其平均成绩。(注意:学生成绩类型为浮点型,输出平均成绩保留 2 位小数。)

2. 给定一维数组 a,然后再输入一个数,输出这个数在这个数组中第一次出现的下标。如果数组中没有这个数,就输出-1。

3. 检查一个 N×N 矩阵是否对称(即判断是否所有的 a[i][j]等于 a[j][i])。

4. 输入由数字字符构成的字符串,分别统计该字符串中数字字符对应的数字中奇数和偶数的个数。

5. 输入 10 个整数,计算其中奇数的个数并输出。

6. 输入 3 个学生的 3 门课程成绩,统计各科全部及格的人数。

7. 编写一个程序,输入一个字符串,将字符串中出现的所有大写英文字母循环右移 5 位,即:A 变为 F,B 变为 G……

8. 编写一个程序,对用户输入的任意一组数字,如{3,1,4,7,2,1,1,2,2},输出其中出现次数最多的数字,并输出其出现次数。

9. 定义一个 6×6 矩阵,将其主对角线上的元素置 1,次对角线上的元素置-1,其余元素为 0。如图 6-9 所示,按行输出该矩阵。

$$
\begin{matrix}
1 & 0 & 0 & 0 & 0 & -1 \\
0 & 1 & 0 & 0 & -1 & 0 \\
0 & 0 & 1 & -1 & 0 & 0 \\
0 & 0 & -1 & 1 & 0 & 0 \\
0 & -1 & 0 & 0 & 1 & 0 \\
-1 & 0 & 0 & 0 & 0 & 1
\end{matrix}
$$

图 6-9 6×6 矩阵

10. 对存储在数组中的 10 个学生的成绩进行递增排序,并输出排序结果。

函　　数

函数是编程中非常重要的概念,它是一段可重用的代码块,用于执行特定的任务。通过使用函数,可以将复杂的任务分解为更小的、更易于管理的部分,从而提高代码的可读性、可维护性和可重用性。本项目主要介绍函数的定义、调用、模块化程序设计、数组作为函数参数以及函数的作用域和存储类别。通过案例和练习,科普环境保护知识,增强节约意识、环保意识和生态意识,提升生态文明素养。

学习目标

◇ **知识目标**

(1) 掌握函数的定义和一般调用方法。

(2) 掌握函数的嵌套和递归调用方法。

(3) 掌握实现模块化程序设计的方法。

(4) 掌握使用数组元素作为函数实参的方法。

(5) 掌握使用数组名作为函数参数的方法。

(6) 掌握局部和全局变量的使用方法。

(7) 掌握变量的存储类别的使用方法。

◇ **能力目标**

(1) 能够使用函数和模块化程序设计的思想设计程序。

(2) 能够使用局部、全局变量和定义变量的存储类别。

(3) 能够使用函数及函数调用解决实际问题。

◇ **素养目标**

(1) 培养学生团队合作、探索创新的能力。

(2) 践行职业精神,培养良好的职业品格和行为习惯。

(3) 塑造学生严谨认真的工匠品质。

(4) 科普环境保护知识,提升生态文明素养。

项目描述

应用函数将问题模块化

在实际生活中,经常会遇到一些基于一定条件独立进行处理的问题,如根据空气质量指数输出质量等级,计算通用多项式的值,根据不同科目的学生成绩输出最高成绩,计算多边形的面积等。此类问题的处理过程,是根据条件设计不同的函数,并在 main() 函数中调用函数的过程,就是将问题模块化的过程。下面通过一个案例,练习在不同条件下输出不同信息的方法。

【案例】 空气质量指数是一种定量描述空气质量状况的无量纲指数,它将监测的空气浓度简化成为单一的概念性指数值形式,将空气污染程度和空气质量状况分级表示,适用于表示城市的短期空气质量状况和变化趋势。表 7-1 是有关空气质量等级、指数及活动建议的表格。实现根据输入的空气质量指数,输出空气质量等级并给出活动建议的功能,要求各个输出功能相对独立,互不干扰。

表 7-1   空气质量等级、指数及活动建议

空气质量等级	空气质量指数	活 动 建 议
优	0～50	适宜进行各种活动
良	51～100	某些污染物可能对极少数异常敏感人群健康有较轻影响
轻度污染	101～150	极少数异常敏感人群减少户外活动
中度污染	151～200	心脏病和呼吸系统疾病患者应减少体力消耗和户外活动
重度污染	201～300	老年人和心脏病、肺病患者应停留于室内,并减少体力活动
严重污染	301 以上	避免室外活动

1. 目标分析

按照案例描述,根据输入的空气质量指数,输出相应的空气质量等级和活动建议。空气质量等级分为六个级别。

2. 问题思考

(1) 六个空气质量等级,应该设计几个独立的输出函数?

_____

(2) 该如何设计主函数?

_____

(3) 完成程序步骤的文字描述。

_____

_____

_____

_____

任务 1   使用函数实现模块化

任务描述

本任务将从函数的定义入手,介绍函数的一般调用及嵌套递归调用。在此基础上,实现程序的模块化处理,使学生掌握函数的定义、调用方法以及模块化程序设计方法。

任务准备

函数是一段可以重复使用的代码,用来独立地完成某个功能,一个 C 语言程序可由一个主函数和若干个其他函数组成,由主函数调用其他函数,其他函数也可以相互调用。在设计一个较大的程序时,往往把它分为若干个程序模块,每个模块包括一个或多个函数,每个函数实现特定的功能。

知识点 1：函数的定义及一般调用

C 语言规定,在程序中用到的所有函数,必须先定义,后使用。如想用 abs() 函数去求一个数的绝对值,必须事先按规范对它进行定义,指定功能和名字,并将这些信息通知编译系统。这样,在程序执行 abs() 函数时,编译系统就会按照定义时所指定的功能执行。

定义函数应包括以下内容。

(1) 指定函数的名字,以便以后按名调用。

(2) 指定函数的类型,即函数值的类型。

(3) 指定函数的参数的名字和类型,以便在调用函数时向它们传递数据。

注意：无参函数不需要此项。

(4) 指定函数应当完成什么操作,即函数的功能。

C 语言编译系统提供的库函数是由编译系统事先定义好的,程序设计者不必自己定义,只需用 #include 预处理指令将有关的头文件包含到本文件模块中即可。例如,在程序中若用到数学函数(如 sqrt()、abs()、sin()、cos()等),就必须在本文件模块的开头写上：#include < math. h >。

函数从形式上分为无参函数和有参函数,其定义及调用的方法如下。

1. 定义及调用无参函数

1) 定义无参函数

语法格式如下：

```
类型名 函数名()
{
    函数体
}
```

函数体包括声明部分和执行语句部分。例如：

```
int abs()
{
    int x = -5;
    return x >= 0 ? x : -x;
}
```

2) 调用无参函数

语法格式如下：

```
函数名()
```

例如：

```
abs()
```

2. 定义及调用有参函数

1) 定义有参函数

语法格式如下：

```
类型名 函数名(形参列表)
{
    函数体
}
```

如果形参列表包含多个形参,则各参数之间用逗号隔开。

例如:

```
int abs(int x)
{
    return x >= 0?x: - x;
}
```

2) 调用有参函数

语法格式如下:

```
函数名(实参列表)
```

如果实参列表包含多个实参,则各参数之间用逗号隔开。实参与形参的个数相等,类型匹配,实参按照顺序向对应形参传递数据。

例如:

```
abs(a)
```

下面以 abs()函数为例说明函数调用的过程。

(1)在定义函数时所指定的形参,在未出现函数调用时,它们并不占用内存中的存储单元;在发生函数调用时,abs()函数的形参被临时分配内存单元(内存空间)。

(2)将实参对应的值传给形参,如实参的值为 2,把 2 传给相应的形参 x,这时形参 x 就得到值 2。

(3)通过 return 语句将函数值带回到主函数。C 语言规定,若未对函数返回类型加以说明,则函数的隐含类型为 int 型。执行 return 语句把这个函数的返回值带回主函数 main(),需要注意返回值的类型与函数类型要求一致(如果函数返回类型是 void 型,函数体可以不用加 return,返回值要注意类型,如果类型不同,可能会发生强制转换,影响结果或编译警告)。abs()函数为 int 型,返回值也应该为 int 型。

(4)调用结束后,形参被释放,注意:实参仍旧保留原来的值,没有改变。执行一个被调用的函数时,形参的值发生改变,不会改变主函数实参的值。实参向形参的数据传递是"值传递",只能由实参传给形参,而不能由形参传给实参。

按函数在程序中出现的位置,可以将函数调用方式分为三种。

(1)函数语句调用。函数作为一条语句被调用。这种方式中,函数通常执行某种操作,但不返回任何值,即返回类型为 void 型。例如:

```
# include < stdio. h >
void print_hello()
{
    printf("Hello, C World!");
}
main()
{
    print_hello();                //函数语句调用
}
```

(2)函数表达式调用。函数作为表达式的一部分被调用。这种方式中,函数返回一个值,

该值可以被用于表达式中的其他部分,例如:

```
# include < stdio. h>
int add( int a, int b)
{
    return a + b;
}
main()
{
    int sum = add(3,4);
    printf("The sum is % d", sum);
}
```

(3) 函数参数调用。函数作为另一个函数的参数被调用。这通常发生在函数需要另一个函数作为回调或者某个函数的结果作为另一个函数的输入时,例如:

```
# include < stdio. h>
int square( int x) {
    return x * x;
}
main() {
    int result = square(5);
    printf("The square of 5 is % d", result);
}
```

【示例 1】 函数调用。

```
# int abs( int x)
{
    return x > = 0?x: - x;
}
main()
{
    printf("绝对值为 % d", abs( - 3));
}
```

程序运行结果:

绝对值为 3

想一想

将示例 1 中函数调用方式改为函数参数调用,应如何修改程序?
写出并调试程序。

知识点 2:函数的嵌套和递归调用

1. 函数的嵌套调用

函数的嵌套调用是指一个函数在其执行过程中调用另一个函数,而被调用的函数在其执行过程中也可以再调用其他函数,以此类推。这种函数调用关系就像是一层一层的嵌套结构,因此称为嵌套调用。

如图 7-1 所示,是函数嵌套调用的流程(含 main()函数共 3 层),其执行过程如下。

(1) 执行 main()函数的开头部分。

(2) 遇到函数调用语句,调用 a()函数,程序执行流程转去 a()函数。

(3) 执行 a()函数的开头部分。

(4) 遇到函数调用语句,调用 b()函数,程序执行流程转去 b()函数。

(5) 执行 b()函数,如果再无其他嵌套函数,则完成 b()函数的全部操作。

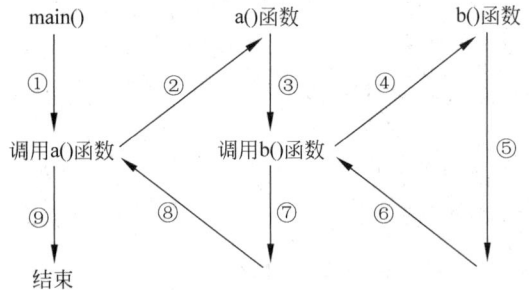

图 7-1　函数嵌套调用的流程

(6) 返回到 a()函数中调用 b()函数的位置,即返回 a()函数。

(7) 继续执行 a()函数中尚未执行的部分,直到 a()函数结束。

(8) 返回 main()函数中调用 a()函数的位置。

(9) 继续执行 main()函数中尚未执行的部分直到结束。

C 语言可以嵌套调用函数,但不能嵌套定义函数。也就是说,C 语言的函数定义相互独立,在一个函数内不能包含另一个函数的定义。

例如:

```c
# include < stdio. h >
int add1( int a, int b)
{
    return a + b;
}
int add2( int num)
{
    return add1(num, 3);
}
main( )
{
    int result = add2(5);
    printf("The result is: % d", result);
}
```

在这个例子中,main()函数调用了 add2()函数,而 add2()函数又调用了 add1()函数。这就是一个典型的函数嵌套调用的例子。

2. 函数的递归调用

函数递归调用是指一个函数直接或间接地调用自身。递归是一种强大的编程技术,它允许使用相同的代码来解决不同规模的问题。在递归调用中,函数会在其主体中调用自身,通常会传递不同的参数,或者至少传递一个能使函数在某种条件下停止递归的参数。

阶乘问题可以用函数的递归调用来实现,其原因在于其本身的性质满足递归的要求。假设要计算 n 的阶乘(n!),可以被定义为 n 乘以 n−1 的阶乘,即 n!＝n(n−1)!。这是一个递归的定义,因为它将 n 的阶乘分解为更小但同类型的子问题,即 n−1 的阶乘。计算 n!的程序如下:

```c
# include < stdio. h >
unsigned long fact(unsigned int n)
```

```
{
    if (n == 0)
    {
        return 1;
    }
    else
    {
        return n * fact(n - 1);
    }
}
main()
{
    unsigned int num = 15;
    printf(" % d", fact(num));
}
```

【示例 2】　函数的嵌套调用。

```
# include < stdio. h >
int square(int x)
{
    return x * x;
}
int cube(int x)
{
    return x * x * x;
}
int fourth(int x)
{
    return x * x * x * x;
}
int term(int n, int x)
{
    switch (n)
    {
        case 0: return 1;
        case 1: return x;
        case 2: return square(x);
        case 3: return cube(x);
        case 4: return fourth(x);
    }
}
int poly(int n, int x)
{
    int result = 0;
    for (int i = 0; i < = n; i++)
    {
        result += term(i, x);
    }
    return result;
}
main()
{
    int x = 2;
    int n = 4;
    int result = poly(n, x);
    printf("1 +  % d + % d^2 + % d^3 + % d^4 =  % d", x, x, x, x, result);
}
```

程序运行结果：

```
1 + 2 +2^2 + 2^3 + 2^4 = 31
```

想一想

如何将示例 2 用函数的递归调用实现？
写出并调试程序。

知识点 3：函数与模块化程序设计

模块化程序设计是一种将程序分解为独立模块的软件设计技术。它将一个大型复杂的程序分解为小的、独立的、相互关联的模块，每个模块负责完成特定的功能。这种分解的好处在于，可以提高代码的可读性、可维护性和重用性。

1. 模块化程序设计的优势

模块化程序设计的主要优势有三点：可读性、可维护性和重用性。

首先，模块化程序设计使得程序代码更易读。将程序分解为多个模块后，每个模块负责完成特定的功能，使得代码更加简洁明了。同时，每个模块可以进行单独的测试和调试，便于定位和解决问题。

其次，模块化程序设计使得程序更易于维护。当程序需要修改或更新时，只需关注特定的模块，而不需要改动整个程序。这样可以节省时间和精力，并且降低出错的概率。

最后，模块化程序设计提供了代码的重用性。当需要实现类似的功能时，可以直接复用已有的模块，避免重复编写代码的工作。这不仅提高了开发效率，还减少了潜在的错误。

2. 模块化程序设计的实现方式

在 C 语言中，实现模块化程序设计的方式一般有两种：通过源代码文件和头文件实现模块化程序设计；通过静态库和动态库实现模块化程序设计。

（1）通过源代码文件和头文件实现模块化程序设计是 C 语言中常见的方式。首先将每个模块的实现代码放在独立的源代码文件中，并将对应的函数声明放在头文件中。然后在主程序中通过包含头文件，即可使用模块中的函数。

（2）通过静态库和动态库实现模块化程序设计。静态库是一组已编译好的目标文件的集合，而动态库是一组已编译好的共享目标文件的集合。程序在运行时可以动态地连接这些库文件，以使用库中封装的函数。

例如，某污水处理系统由以下几个功能模块组成，如图 7-2 所示。

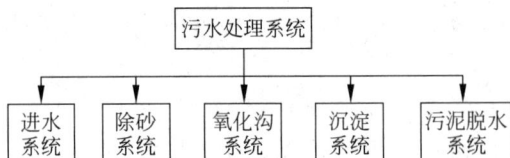

图 7-2   污水处理系统构成

该污水处理系统的每个功能模块负责实现特定的功能，每个功能模块由一个或多个函数构成，每个函数实现特定的功能。每个功能模块进行单独的测试和调试。当修改某一个功能模块时,不会影响到其他功能模块。当要实现某一个功能时,就可以用一个函数去调用它。

3. 函数库

函数库是一组预先编写好的、可供程序员调用的函数集合。C 语言的函数库提供了许多常用的、通用的功能函数,包括数学函数、输入/输出函数、字符串处理函数等。使用函数库可以节省开发时间,提高代码的可靠性。

1) 常见函数库

C 语言提供了多个常见的函数库,包括 stdio.h、stdlib.h、math.h、string.h 等。这些函数库提供大量的函数供开发者使用。

首先,stdio.h 函数库提供了输入/输出相关的函数,如 printf()、scanf()等。这些函数可以实现对屏幕和文件的输入/输出操作。

其次,stdlib.h 函数库提供了与内存管理相关的函数,如 malloc()、free()等。这些函数可以进行动态内存分配和释放操作。

再次,math.h 函数库提供了数学运算相关的函数,如 sin()、cos()、sqrt()等。这些函数可以进行各类数值计算。

最后,string.h 函数库提供了字符串处理相关的函数,如 strcpy()、strcat()等。这些函数可以进行字符串的复制、连接和比较操作。

2) 使用函数库的步骤

使用 C 语言函数库的步骤如下。

首先,包含所需的函数库头文件。将需要使用的函数库头文件包含在源代码文件中,以便在编译时可以找到函数的声明。

其次,调用函数库中的函数。通过调用函数库中的函数来实现特定的功能。在调用函数之前,需要根据函数的声明来正确传递参数。

最后,编译和连接程序。将源代码文件编译为可执行的机器码,并将函数库与程序连接在一起,生成最终的可执行文件。

【示例 3】 模块化程序设计。

```c
#include <stdio.h>
int min_value(int num1, int num2)
{
    return num1 < num2?num1:num2;
}
void print_message()
{
    printf("#####################\n");
}
main()
{
    void print_message();
    int a,b;
    print_message();
    printf("请输入两个整数:");
    scanf("%d %d",&a,&b);
    int min = min_value(a,b);
    printf("最小值是: %d\n",min);
    print_message();
}
```

程序运行结果1：

```
输入：12 5
输出：# # # # # # # # # # # # # # # # # # # #
     最小值是：5
     # # # # # # # # # # # # # # # # # # # #
```

程序运行结果2：

```
输入：30 45
输出：# # # # # # # # # # # # # # # # # # # #
     最小值是：30
     # # # # # # # # # # # # # # # # # # # #
```

解析：本示例定义了除 main()函数外的两个功能独立的函数，其功能分别为返回两个数中的最小值和输出字符。在主函数中定义并调用两个函数。

想一想

将示例 3 中的 min_value()函数改为求两个数的平方根的和。

调试并写出修改后的语句。

_____

_____

_____

任务实施

实例 1： 根据输入的空气质量指数，输出相应的空气质量等级和活动建议。

1. 实例分析

按照题目描述，输入数据为空气质量指数，输出数据为空气质量等级和活动建议。

2. 操作步骤

（1）为空气质量指数设定变量 a。

（2）判定变量 a 的范围，调用不同的函数，输出相应信息。

（3）按要求写出程序。

```c
# include < stdio.h >
void you();
void liang();
void qingdu();
void zhongdu();
void zhongdu2();
void yanzhong();
main()
{



}
```

实例 2：汉诺塔问题源于一个古老的印度传说,问题中涉及三根柱子(通常用 A、B、C 表示)和一堆大小不同的穿孔圆盘,这些圆盘可以按照大小顺序穿在一根柱子上,目标是将所有圆盘从一根柱子(通常是 A 柱)移动到另一根柱子(通常是 C 柱),在移动过程中可以借助第三根柱子(通常是 B 柱)作为辅助。移动过程要遵循以下规则:每次只能移动一个圆盘,并且在任何时候,较大的圆盘都不能放在较小的圆盘上面。

1. 实例分析

按照题目描述,每次只能移动一个圆盘,并且要保证较大的盘子在较小的盘子下面,这是一个著名的递归问题。

2. 操作步骤

(1) 将上面的 n−1 个圆盘视为一个整体,按照汉诺塔的规则,借助目标柱子(C 柱),先将这个整体移动到辅助柱子(B 柱)上。

(2) 将剩下的最大的圆盘(第 n 个圆盘)直接移动到目标柱子(C 柱)上。

(3) 再将那 n−1 个圆盘视为一个整体,按照汉诺塔的规则,这次借助起始柱子(A 柱),将这个整体移动到目标柱子(C 柱)上。

```c
# include < stdio.h>
 void hanoi(int n, char a, char b, char c)
 {
    if (n==1)
       printf("%c-->%c\n", a,c);
    else
    {
       _____
       printf("%c-->%c\n", a,c);
       _____
    }
}
main()
{
    int n;
    void hanoi(int n, char a, char b, char c);
    printf("Enter the number of disks: ");
    _____
}
```

任务测试

根据任务 1 所学内容,完成下列测试。

1. 以下程序的输出结果是(　　)。

```c
fun(int x,int y,int z)
{z = x * x + y * y;}
main()
{
    int a = 23;
    fun(2,3,a);
    printf("%d",a);
}
```

A. 0　　　　　　　B. 13　　　　　　　C. 23　　　　　　　D. 无定值

2. 若有变量定义语句 double x＝3,y＝2,z;,下列选项中对函数 pow()的调用正确的是
(   )。

    A. z＝pow(x,y);   B. z＝pow(double x,double y);

    C. z＝pow(double x, y);   D. z＝pow(double x;double y);

3. 以下程序的输出结果是(   )。

```
int func(int a,int b)
{
    return(a + b);
}
main()
{
    int x = 12,y = 15,z = 18,r;
    r = func(func(x,y),z);
    printf("%d\n",r);
}
```

    A. 42   B. 43   C. 44   D. 45

4. 若未对函数类型进行说明,则该函数的隐含类型是(   )。

    A. double   B. int   C. char   D. void

5. 以下程序的输出结果是(   )。

```
main()
{
    double f(int);
    int i,m = 3;
    float a = 0;
    for(i = 0;i < m;i++)
        a += f(i);
        printf("%f\n",a);
}
double f(int n)
{
    int i;
    double s = 1.0;
    for(i = 1;i < = n;i++)
        s += 1.0/i;
        return s;
}
```

    A. 5.500000   B. 3.000000   C. 4.00000   D. 8.25

任务 2　　数组作为函数参数

任务描述

本任务将从用数组元素作为函数实参和用数组名作为函数参数入手,介绍数组作为函数参数,使学生掌握使用数组元素和数组名作为函数参数的方法。

任务准备

项目 7 的任务 1 已经介绍了使用变量作为函数参数的方法,实际上,也可以用数组元素作

为函数参数,其用法与变量相同。另外,数组名也可以作为函数的实参和形参,此时传递的是数组的首地址。

知识点 1：用数组元素作为函数实参

使用数组元素作为函数实参时,实际上是将该数组元素的值作为普通变量传递给函数。由于数组元素在内存中占用的是连续空间,并且每个元素都有一个类型(如 int 型、float 型、char 型等),因此可以像传递任何其他类型的变量一样传递数组元素。

【示例 1】 用数组元素作为函数实参。

```c
#include <stdio.h>
void print(int a)
{
    printf("%d\n", a);
}
main()
{
    void print(int a);
    int i,myArray[5] = {1,2,3,4,5};
    for(i = 0;i <= 4;i++)
        print(myArray[i]);
}
```

程序运行结果：

```
1
2
3
4
5
```

想一想

将示例 1 程序修改为输入 5 个数组元素并输出。

调试并写出输出结果。

知识点 2：用数组名作为函数参数

当数组名作为函数参数时,并不是将整个数组的内容传递给函数,而是传递了数组首元素的地址,即指向数组第一个元素的指针,详见项目 8,这种传递方式称为传址调用。因为它避免了复制整个数组的开销,所以在效率和资源使用上是非常有利的。函数内部通过地址来访问和修改数组,所以函数内部对数组的任何修改都会反映到原始数组上。

【示例 2】 用数组名作为函数参数。

```c
#include <stdio.h>
void print(int b[],int n)
{
    int i;
    for(i = 0;i < n;i++)
        printf("%4d",b[i]);
}
main()
{
```

```
        void print(int b[ ],int n);
        int a[6] = {5,10,15,20,25,30};
        print(a,6);
}
```

程序运行结果：

```
5   10   15   20   25   30
```

📖 想一想

将示例2程序修改为输入数组元素的个数及数组元素并输出。
调试并写出输出结果。

📚 任务实施

实例1：用数组元素作为函数实参解决实际问题。

PM2.5是指空气动力学当量直径小于或等于 $2.5\mu m(1\mu m=10^{-6}m)$ 的悬浮颗粒物。它在大气中滞留时间长，传输距离远，含多种有毒有害物质，而且与其他空气污染物存在着复杂的转化关系。某市9个空气质量监测点的PM2.5指数如表7-2所示。要求将检测到的PM2.5指数按照从小到大的顺序排列。

表7-2   某市9个空气质量监测点的PM2.5指数

监测点	PM2.5/$(\mu g/m^3)$	监测点	PM2.5/$(\mu g/m^3)$
A	24	F	17
B	20	G	42
C	7	H	9
D	22	I	2
E	46		

1. 实例分析

该实例需要将数组中PM2.5指数作为函数实参传递给排序函数。

2. 操作步骤

(1) 定义数组 pmarray。

(2) 判断数组中相邻两个数的大小，若前面的大于后面的则交换两个数。

(3) 输出数组中的元素。

```
# include < stdio. h >
int cmp(int a,int b);
main()
{
        int i,j,t;

        for(i = 0;i < = 8;i++)
```

```
    {
        for(j = 0;j < = 8 - i;j++)
        {
            if(cmp(pmarray[j + 1],pmarray[j]))
            {
                _____
                _____
                _____
            }
        }
    }
    for(i = 0;i < = 8;i++)
        _____

}
int cmp( int a,int b)
{
    if(a < b)
        _____
    return 0;
}
```

实例 2：将数组 a 中的 n 个整数按相反顺序存放。

1. 实例分析

按照题目描述,要将数组元素反序存放,即将 a[0] 与 a[n−1] 对换,再将 a[1] 与 a[n−2] 对换……,直到将 a[(n−1)/2] 与 a[n/2] 对换。

2. 操作步骤

(1) 定义将数组元素反序的函数 inv()。

(2) 在 main() 函数中定义数组 a,调用函数 inv()。

(3) 按要求写出程序。

```
# include < stdio. h>
main()
{



}
```

任务测试

根据任务 2 所学内容,完成下列测试。

1. 以下说法正确的是(　　　)。

　　A. 函数必须有形参　　　　　　　　B. 函数形参必须是变量名或者表达式

　　C. 函数可以有也可以没有形参　　　D. 数组元素不能作为实参

2. C语言中数组名作为参数传递给函数时，作为实参的数组名被处理为(　　　)。

　　A. 该数组的长度　　　　　　　　　B. 该数组的首地址

　　C. 该数组的元素个数　　　　　　　D. 该数组中各元素的值

3. 以下程序运行的结果是(　　　)。

```c
#include<stdio.h>
int f(int a)
{
    return a%2;
}
main()
{
    int a[8]={1,3,5,7,9,11},i,b=0;
    for(i=0;f(a[i]);i++)
        b+=a[i];
        printf("%d",b);
}
```

　　A. 1　　　　　　　　B. 4　　　　　　　　C. 18　　　　　　　　D. 36

4. 以下程序运行的结果是(　　　)。

```c
#define N 20
void fun(int a[],int n,int m)
{ int i,j;
    for(i=m;i>=n;i--)
    a[i+1]=a[i];
}
main()
{
    int i,a[N]={1,2,3,4,5,6,7,8,9,10};
    fun(a,2,9);
    for(i=0;i<5;i++)
    printf("%d",a[i]);
}
```

　　A. 12334　　　　　　B. 12344　　　　　　C. 10234　　　　　　D. 12234

5. 以下程序运行的结果是(　　　)。

```c
#include<stdio.h>
main()
{int f(int b[],int n);
    int x,a[]={1,2,3,4,5,6,7,8,9};
    x=f(a,3);
    printf("%d",x);
}
int f(int b[],int n)
{int i,r=1;
    for(i=0;i<n;i++)
        r=r*b[i];
        return r;
}
```

　　A. 4　　　　　　　　B. 6　　　　　　　　C. 8　　　　　　　　D. 10

任务 3　变量的作用域和存储类别

任务描述

作用域和存储类别是 C 语言的两个重要概念,它们影响变量的生命周期、可访问性和存储位置。本任务将通过介绍局部变量、全局变量,以及自动、静态、寄存器和外部四种存储类别的变量,使学生能够掌握变量的作用域和存储类别来解决实际问题。

任务准备

知识点 1：变量的作用域

变量的作用域是指变量在程序中可被访问的区域或范围。变量的作用域决定了变量的生命周期(即变量何时被创建和何时被销毁)和可访问性(即在哪里可以访问该变量)。C 语言中的变量根据其定义的位置,主要分为以下两种：局部变量和全局变量。

1. 局部变量

在函数内部定义的、作用域仅限于定义它的函数体内的变量,称为局部变量,也称内部变量。这些变量在函数被调用时创建,在函数执行结束时自动销毁。例如：

```
void func()
{
    int a = 10;        //变量 a 为局部变量,仅在 func()函数内有效
}
```

2. 全局变量

在所有函数外部定义的、作用域从定义点开始到本源代码文件结束的变量,称为全局变量。这些变量在程序启动时创建,在程序结束时销毁,全局变量可以被程序中的任何函数访问。例如：

```
int a = 10;        //变量 a 为全局变量
void func1()
{
    a = 20;        //这里可以访问变量 a
}
void func2()
{
    a = 30;        //这里也可以访问变量 a
}
```

【示例 1】　局部变量与全局变量。

```
# include < stdio. h >
int a = 10;
void func1();
void func2();
void func1()
{
    a = 20;
    printf(" % d\n",a);
```

```
    }
void func2()
{
    a = 30;
    printf(" % d\n",a);
}
main()
{
    printf(" % d\n",a);
    func1();
    func2();
}
```

程序运行结果：

```
10
20
30
```

解析：main()函数中输出全局变量 a 的值，然后分别调用两个函数输出局部变量 a 的值。

想一想

在 func1()函数中删除语句 a＝20;，并在 main()函数中 printf()输出语句前增加语句 int a＝40;，程序运行结果会发生什么变化？

(1) 调试并写出输出结果。

_____

_____

(2) 分析原因。

_____

_____

知识点 2：变量的存储类别

变量的生命周期(也称生存周期)是指变量从被创建到被销毁的时间段。这个时间段与变量的存储类别紧密相关，变量的存储类别决定了变量在内存中的存储位置、生命周期以及作用域。

变量的存储类别主要有自动(auto)、静态(static)、寄存器(register)和外部(extern)四种。

1. 自动存储类别

自动存储类别是默认的存储类别。当在函数内部定义一个局部变量，并且没有指定存储类别时，该变量就是自动存储类别的变量，其生命周期仅限于定义它的函数执行期间。当函数被调用时，自动变量被分配内存，当函数返回时，这些内存被自动释放。例如：

```
void func()
{
    auto int var = 100;            //var 是自动存储类别的变量
}
```

2. 静态存储类别

静态存储类别的变量在程序运行期间只分配一次内存，并且在整个程序的执行期间都保持其值。即使定义它的函数返回,静态变量的值也不会丢失。静态变量可以在函数内部或函数外部定义。在函数内部定义的静态变量只在该函数内可见,它在函数调用之间保持其值。

例如:

```
void func()
{
    static int var = 0;          //var 是静态存储类别的变量
    var++;
    printf(" % d", var);
}
```

3. 寄存器存储类别

寄存器存储类别的变量建议编译器将其存储在中央处理器(central processing unit, CPU)的寄存器中,而不是随机存取存储器(random access memory,RAM)中。这样做可以加快访问速度,因为寄存器的访问速度通常比 RAM 快。通常把使用频率较高的变量定义为寄存器存储类别的变量。然而,寄存器的数量是有限的,并不是所有的变量都可以存储在寄存器中。

例如:

```
void func()
{
    register int var = 10;       //var 是寄存器存储类别的变量
}
```

4. 外部存储类别

外部存储类别的变量可以在多个源代码文件中共享。当一个变量在源代码文件 A 中定义,而在源代码文件 B 中只是声明(使用 extern 关键字),那么源代码文件 B 就可以访问源代码文件 A 中定义的变量。这是实现跨文件共享数据的一种方式。

例如:

```
在源代码文件 A 中:
int var = 10;                    //定义 var 变量
在源代码文件 B 中:
extern int var;                  //声明 var 变量
```

C 语言的这四种变量存储类别允许程序员控制变量的生命周期和可访问性,从而优化程序的性能和管理程序的复杂性,正确选择和使用这些存储类别对于编写高效、可维护的 C 语言程序至关重要。

【示例 2】　变量的存储类别。

```
# include < stdio. h >
void func();
void func()
{
    static int count = 0;
    count++;
    printf("Count: % d\n", count);
}
main()
{
```

```
        int i;
        for(i = 0;i < 5;i++)
        {
            func();
        }
}
```

程序运行结果：

```
count: 1
count: 2
count: 3
count: 4
count: 5
```

解析：本示例的变量 count 为静态存储类别，在第一次调用 func( )函数时，输出 count 后缀递增的值 1，在第二次调用 func( )函数时，输出 count 后缀递增的值 2，以此类推，在第五次调用 func( )函数时，输出 count 后缀递增的值 5。

想一想

修改示例 2 程序，使程序实现输出 1~5 的阶乘值的功能。

调试并写出修改后程序。

_____

_____

_____

_____

任务实施

实例 1：计算 0~1000000 的累加和。

1. 实例分析

按照题目描述，可以将使用频率较高的累加和变量指定为寄存器存储类别以加快访问速度。

2. 操作步骤

(1) 定义累加和变量 sum 为寄存器存储类别。

(2) 使用循环结构计算变量 sum 的值。

(3) 输出变量 sum 的值。

(4) 按要求写出程序。

```
# include < stdio. h >
main()
{



    }
```

实例 2：有 4 个学生，5 门课程的成绩，要求输出其中最高的成绩以及它属于第几个学生的第几门课程。

1. 实例分析

按照题目描述，可以定义 2 个全局变量分别存储最高成绩的学生号和课程号，通过调用函数得到最高成绩及最高成绩的学生号和课程号。

2. 操作步骤

（1）为最高成绩的学生号和课程号定义全局变量 studentIndex 和 courseIndex。

（2）使用 highest_score()函数找到最高成绩 max_score、最高成绩的学生号 studentIndex 和课程号 courseIndex。

（3）在 main()函数中调用 highest_score()函数。

（4）补全程序，实现功能。

```c
#include <stdio.h>
int studentIndex,courseIndex;
void highest_score(int scores[4][5]);
void highest_score(int scores[4][5])
{
    int i,j;
    int _____
    int studentIndex = 0,courseIndex = 0;
    for(i = 0;i < 4;i++)
    {
        for(j = 0;j < 5;j++)
        {
            if( _____ )
            {
                _____
                studentIndex = i;
                courseIndex = j;
            }
        }
    }
    printf("最高分是%d,属于第%d个学生的第%d门课程。", max_score, studentIndex + 1,
    courseIndex + 1);
}
int main()
{
    int scores[4][5] = {
                        {85,92,88,76,87},
                        {91,90,94,89,92},
                        {78,88,82,95,88},
                        {88,82,91,85,93}
                       };
    _____
}
```

![任务测试]

任务测试

根据任务 3 所学内容，完成下列测试。

1. 函数形参的系统默认存储类别是(　　　)。

A. extern   B. register   C. auto   D. static

2. 以下程序的输出结果是(   )。

```
# include < stdio. h >
int a = 3, b = 4;
void   fun( int x1, int x2)
{
    printf(" % d, % d", x1 + x2, b);
}
main( )
{
    int a = 5, b = 6;
    fun(a, b);
}
```

A. 11, 6   B. 11,4   C. 7,4   D. 7,6

3. 以下程序的输出结果是(   )。

```
# include < stdio. h >
int a = 4;
int fun( int k)
{
    if(k == 0)
    return a;
    return(fun(k - 1)  *  k);
}
main( )
{
    int a = 10;
    printf(" % d",fun(5)  *  a);
}
```

A. 1200   B. 2400   C. 3600   D. 4800

4. 以下程序的输出结果是(   )。

```
# include < stdio. h >
int f( int x)
{
    static int a = 3;
    a += x;
    return a;
}
main( )
{
    int k = 2,m = 1,n;
    n = f(k);
    n = f(m);
    printf(" % d", n);
}
```

A. 9   B. 6   C. 4   D. 3

5. 以下程序的输出结果是(   )。

```
# include < stdio. h >
int a = 2;
int f( int n)
```

```
{
    static int a = 4;
    int t = 1;
    if(n % 2)
    {
        static int a = 4; t += a++;
    }
    else
    {
        static int a = 5; t += a++;
    }
    return t + a++;
}
main()
{
    int s = a, i;
    for( i = 0; i < 3; i++)
    s += f(i);
    printf(" % d\n", s);
}
```

A. 33　　　　　　B. 34　　　　　　C. 35　　　　　　D. 36

综 合 练 习

根据项目所学内容,完成下列练习。

一、单项选择题

1. 以下说法中不正确的是(　　)。

　　A. C 语言程序总是从 main()函数开始执行

　　B. 被调用的函数必须在 main()函数中定义

　　C. 函数的定义不能嵌套,但函数的调用可以嵌套

　　D. C 语言程序是函数的集合,在这个函数中包含标准函数和用户自定义函数

2. 函数调用结束后,形参会(　　)。

　　A. 继续占用相同大小的内存　　　　　B. 占用的内存减小

　　C. 释放内存　　　　　　　　　　　　D. 不确定

3. 以下说法中正确的是(　　)。

　　A. 形参可以是变量、常量或表达式

　　B. 函数的实参和形参可以是相同的名字

　　C. 若定义的函数没有参数,则函数名后的圆括号可以省略

　　D. 如果实参列表包含多个实参,则各参数之间用分号隔开

4. 以下说法中不正确的是(　　)。

　　A. 在函数中,通过 return 语句传回函数值

　　B. 在函数中,可以有多条 return 语句

　　C. 子函数可以没有返回值

　　D. 调用函数必须在一条独立的语句中完成

5. 以下说法正确的是(　　)。

A. 某些函数不必先定义，就可以使用

B. 函数必须有返回值，否则不能使用函数

C. 只能把实参的值传给形参，形参的值不能传给实参

D. 有调用关系的所有函数必须放在同一个源代码文件中

6. 以下函数的类型是（   ）。

```
func(double x)
{
    printf("%f\n",x*x);
}
```

A. int 型   B. void 型   C. double 型   D. float 型

7. 以下程序的输出结果是（   ）。

```
#include<stdio.h>
int f(int a,int b)
{
    int c;c=a;
    if(a>b)c=1;
    else c=-1;
    return c;
}
main()
{
    int i=2,p;
    p=f(i,i+1);
    printf("%d",p);
}
```

A. -1   B. 0   C. 1   D. 2

8. 以下程序的输出结果是（   ）。

```
#include<stdio.h>
int func(int a,int b)
{
    int c;c=b-a;
    return c;
}
main()
{
    int x=6,y=7,z=8,r;
    r=func((x--,++y,x+y),z--);
    printf("%d",r);
}
```

A. 6   B. 2   C. -5   D. 无结果

9. 以下程序的输出结果是（   ）。

```
#include<stdio.h>
int max(int x,int y)
{
    return(x>y?x:y);
}
```

```
main()
{
    printf("%d",max(max(3,12),max(12,23)));
}
```

  A. 3　　　　　　　B. 12　　　　　　C. 23　　　　　　　D. 函数调用格式错误

10. 以下程序的输出结果是(　　　)。

```
long fun(int n)
{
    long s;
    if(n==1||n==2)
        s=2;
    else
        s=n+fun(n-1);
    return s;
}
main()
{
    printf("%ld",fun(4));
}
```

  A. 4　　　　　　　B. 5　　　　　　　C. 7　　　　　　　D. 9

二、填空题

1. 若未对函数返回类型加以说明,则函数的隐含类型为_____。

2. 一个函数直接或间接地调用自身称为函数的_____。

3. 当数组名作为函数参数时,传递的是数组首元素的地址,这种传递方式称为_____。

4. 凡是函数中未指定存储类别的局部变量,其隐含的存储类别关键字为_____。

5. 通常把使用频率较高的变量的存储类别的关键字设置为_____。

6. 写出以下程序的运行结果_____。

```
#include <stdio.h>
int fun(int x[],int n)
{
    static int sum=0,i;
    for(i=0;i<n;i++)
        sum+=x[i];
    return sum;
}
main()
{
    int a[]={1,2,3,4,5},b[]={6,7,8,9},s=0;
    s=fun(a,5)+fun(b,4);
    printf("%d\n",s);
}
```

7. 以下程序输入 abcd 时,程序的运行结果是_____。

```
#include <stdio.h>
#include <string.h>
void insert(char str[])
{
```

```
    int i;
    i = strlen(str);
    while(i>0)
    {
        str[2*i] = str[i]; str[2*i-1] = '*';i--;
    }
    printf("%s\n",str);
}
main()
{
    char str[40];
    scanf("%s",str);
    insert(str);
}
```

8. 写出以下程序的运行结果_____。

```
#include <stdio.h>
void change(int k[]){k[0] = k[5];}
main()
{
    int x[10] = {1,2,3,4,5,6,7,8,9,10},n = 0;
    while(n<=4)
    {
        change(&x[n]);
        n++;
    }
    for(n=0;n<5;n++)
        printf("%3d",x[n]);
        printf("\n");
}
```

9. 写出以下程序的运行结果_____。

```
#include <stdio.h>
void f(int b[])
{
    int i;
    for(i=1;i<5;i++)
        b[i] *= 3;
}
main()
{
    int a[10] = {1,2,3,4,5,6,7,8,9,10},i;
    f(a);
    for(i=0;i<10;i++)
        printf("%d,",a[i]);
}
```

10. 写出以下程序的运行结果_____。

```
#include <stdio.h>
int f()
{
    int i = 0,s = 1;
    s += i;
```

```
        i++;
        return s;
}
main()
{
    int i,a = 0;
    for (i = 0; i < 5; i++)
        a += f();
        printf ("%d",a);
}
```

三、补全代码题

1. 输入一个整数,求这个数的阶乘。

```
#include<stdio.h>
int factor(int n);
int factor(int n)
{
    _____
    for(int i = 1;i <= n;i++)
    _____
    printf("%d",ret);
}
main()
{
    int n;
    printf("请输入 n:");
    _____
    _____
}
```

2. 输入字符串,再输入一个字符,将字符串中与输入字符相同的字符删除。

```
#include<stdio.h>
void fun(char a[],char c)
{
    _____
    for(i = j = 0;a[i]!= '\0';i++)
    if(a[i]!= c)
    _____
    a[j] = '\0';
}
main()
{
    char a[20],cc;
    _____
    cc = getchar();
    _____
    puts(a);
}
```

3. 求一组数中的最小值,利用子函数将最小值的序号返回。

```
#include<stdio.h>
int func(int a[],int n)
{
    _____
```

```
    for(i = 0;i < n;i++)
        if(_____)
        k = i;
    _____
}
main()
{
    int a[5] = {11, - 6,3480, - 168, - 28345};
    int min;
    _____
    printf(" % d", _____);
}
```

4. 矩阵转置是将矩阵的行和列互换的操作，以下程序将 3×3 的矩阵转置。

```
# include < stdio. h >
void reverse(int b[ ][3], int n)
{
    int i,j,temp;
    for(i = 0;i < n;i++)
    for(j = 0;_____ j++)
    {
        temp = b[ i][ j];
        _____
        b[ j][ i] = temp;
    }
}
main()
{
    int a[3][3] = {{1,2,3},{4,5,6},{7,8,9}};
    int i,j;
    _____
    printf("输出转置后的矩阵: \n");
    for(i = 0;i < 3;i++)
    {
        for(j = 0;j < 3;j++)
            printf(" % 4d",a[ i][ j]);
        _____
    }
}
```

5. 求四个整数中的最大值。

```
# include < stdio. h >
int max2( int a, int b)
{
    _____
}
int max1 ( int a, int b, int c, int d)
{
    int n;
    n = max2(a, b);
    _____
    n = max2(n, d);
    _____
}
```

```
main()
{
    int a,b,c,d;
    scanf("%d%d%d%d",&a,&b,&c,&d);
    printf("四个数中最大值是：");
    _____
}
```

四、编程题

1. 编写程序，在主函数中输入一个自然数 n，并输出 1～n 的累加和，用子函数实现求和功能。

2. 编写程序，主函数中输入一个字符串，子函数返回字符串中含有数字的个数。

3. 编写程序，求 1/4 圆的面积，子函数通过形参得到圆的半径，返回 1/4 圆面积。圆面积公式为 $s=3.14159r^2$。

4. 同构数是指这个数为该数平方的尾数。如 25 的平方等于 625，25 是同构数。编写程序，子函数判断某个数是不是同构数，如果是返回 1，否则返回 -1，在主函数中输出结论。

5. 编写程序，子函数为递归函数，实现将一个整数反向输出的功能。

6. 编写程序，子函数判定一个字符串是否为回文字符串（正读和反读都一样），在主函数中输入一个字符串，并输出判定结果。

7. 编写程序，子函数实现将数组中的最大值和第一个数交换、最小值与最后一个数交换的功能。

8. 编写程序，子函数求 [m,n] 之间既不能被 3 整除也不能被 5 整除的整数之和，m 和 n 的值由键盘输入。例如，如果输入 m 和 n 的值分别为 7 和 15，则计算结果为 53。

9. 现有两个班级的学生数分别是 5 和 7，编写程序，子函数接收两个班的班级成绩，并求出每个班平均成绩，主函数输出每个班的平均成绩。

10. 编写程序，子函数计算并返回下列级数的前 n 项之和 S_n，直到 S_n 大于 q 为止，q 的值通过形参传入。$S_n=2/1+3/2+4/3+\cdots+(n+1)/n$。例如，若 q 的值为 40.0，则函数的值为 40.174561。

项目 8

指　针

指针是 C 语言中一种特殊的数据类型,它存储的是变量的内存地址而非变量的值本身。通过指针,程序可以直接访问和操作内存中的数据,这种功能使得 C 语言在性能优化、系统编程及嵌入式开发等领域具有不可替代的优势。

C 语言中的指针是一个功能强大但也需要谨慎使用的工具。掌握指针不仅有助于深入理解 C 语言的本质,也是成为一名优秀 C 语言程序员的必经之路。

本项目的学习,不仅要掌握指针的基本概念和操作方法,更要树立技术向善、责任为先的价值观。不仅要将所学技术服务社会、造福人类,同时也要时刻关注技术可能带来的风险和挑战,努力成为一个有责任感、有担当的程序员。

学习目标

◇ **知识目标**

(1) 理解指针的基本概念。

(2) 掌握指针的定义和操作。

(3) 掌握指针访问数组的基本方法。

(4) 掌握指针访问字符串和指针作为函数参数的基本方法。

◇ **能力目标**

(1) 熟练使用指针遍历和访问数组元素。

(2) 灵活运用指针访问字符串,以指针作为函数参数。

(3) 能够使用指针解决实际问题。

◇ **素养目标**

(1) 培养学生团队合作、探索创新的能力。

(2) 追求良好的编程规范与代码质量。

(3) 提高问题解决与调试能力。

(4) 保持对 C 语言指针及相关技术的关注和学习,及时了解最新的发展动态和最佳实践。

项目描述

应用指针解决变量值的交换问题

在 C 语言编程中,通过赋值语句交换 2 个变量的值是一个常见的需求。然而,直接使用赋值语句(如 a＝b;b＝a;)并不能实现真正的交换,因为它只是将变量 b 的值赋给了变量 a,然后变量 a 的旧值被丢弃了。

为了实现真正的值交换而不使用额外的临时变量,可以利用指针来完成这一任务。指针允许直接访问和修改变量的内存地址中的值,从而在不创建新变量的情况下交换两个变量的值。下面通过实例来实现这一目标。

【案例】　小张是某科技公司的程序员,正在开发航天科普知识竞赛系统,系统中的"成绩排名"专题模块需要频繁交换2个变量的值。请编写一个C语言程序,该程序定义2个整型变量,并使用指针来交换这2个变量的值。

1. 目标分析

按照题目描述,可先定义变量,再定义指针,然后交换值,最后输出结果,以验证交换是否成功。

2. 主要步骤

(1) 定义2个整型变量并给它们赋初值。

(2) 定义2个指针变量,并将它们分别初始化为指向前面定义的2个整型变量的地址。

(3) 通过指针,直接访问和修改这2个整型变量的值,实现它们的交换。

(4) 输出交换后的2个变量的值,以验证交换是否成功。

任务 1　指针访问变量

任务描述

本任务将从C语言中的指针访问变量入手,深入探索指针的概念与应用。首先,将概述指针的基本概念,解释指针作为变量地址的存储机制,然后学习如何通过指针间接访问和操作变量的值。

任务准备

指针是C语言中的一个核心概念,它存储了变量的内存地址。通过指针,程序可以直接访问和操作内存中的数据,而不仅仅是数据的值。

指针的定义通过指定指针类型和其指向的变量类型来完成。指针类型表示指针可以指向的变量类型。例如,一个指向整数的指针被定义为 int * ptr;,这里的 int * 是指针型,表示 ptr 是一个指向整型的指针,而 ptr 是变量名。

本任务所用到的指针操作主要包括以下两个方面。

指针的声明:声明一个指针变量时,需要指定指针指向的数据类型。

指针的初始化:在声明指针的同时或之后,需要将指针指向某个有效的内存地址。

知识点 1:指针的概念

为了明白指针的概念,必须搞清楚数据在内存中是如何存储,又是如何读取的。

在 C 语言源代码被编译时，系统对源代码中定义的所有变量，都会根据其类型分配一定长度的空间。例如，Dev-C++系统对字符型变量分配 1 字节，对整型变量分配 4 字节，对单精度实型变量分配 4 字节……内存区的每个字节都有 1 个编号，这个编号就称为地址。

例如，源代码中定义了 2 个变量。

```
char i = 'a';
int j = 16;
```

如图 8-1 所示，假设编译时系统分配 1000 这一个地址给变量 i，1001、1002、1003 和 1004 4 个地址给变量 j。变量 i 和 j 的初值存放在首地址为 1000 和 1001 的存储单元中。例如，printf("%d",j);在执行时根据变量与地址的对应关系，首先找到存放变量 j 的首地址 1001，然后从 1001 开始的 4 个地址中取出数据 16，把它输出。这种按变量地址对变量值直接存取的方式称为"直接访问"方式。

另外还可以采用一种称为"间接访问"的方式，就是把一个变量的地址存放到另一个变量中，然后通过先找出地址变量中的值（一个地址），再由此地址找到最终要访问的变量的方式。例如，将存放变量 j 的首地址存放到变量 p 中。假设定义了变量 p 是存放整型变量地址的，而整型变量被分配 1001、1002、1003 和 1004 这 4 个地址（见图 8-1）。可以通过下面的赋值语句将存放变量 j 的首地址存放到变量 p 中：p＝&j。

地址	内存数据区	变量
	⋮	
1000	'a'	i
1001		j
1002	16	
1003		
1004		
	⋮	
6618631	1001	p
	⋮	

图 8-1　地址分配

这时，p 的值就是 1001，即整型变量 j 所占用的内存单元的首地址。要存取变量 j 的值，访问时可以采用间接方式，先找到存放变量 j 的首地址（变量 p 的值，即 1001），然后到 1001、1002、1003 和 1004 这 4 个地址中取出变量 j 的值（16）。在 C 语言中用指针来表示这种指向关系。

指针就是地址，一个变量的指针是指该变量的地址。

📖 **想一想**

"直接访问"方式和"间接访问"方式有何区别？

知识点 2：指针变量的定义

C 语言规定：在使用变量之前，必须先定义。

定义指针变量的一般形式如下：

```
类型名 *指针变量名
```

例如：

```
int * pointer_1;
```

左端的 int 是在定义指针变量时必须指定的基类型，指针变量的基类型是用来指定指针变量可以指向的变量的类型。

以上语句定义了一个指向整型变量的指针变量 pointer_1,即 pointer_1 是一个存放整型变量的地址的变量。

在定义指针变量时要注意以下几点。

(1) 定义一个指针变量必须用符号 *,表明其后的变量是指针变量。在本例中 pointer_1 是指针变量,而不要误认为 * pointer_1 是指针变量。

(2) 定义了一个指针变量 pointer_1 以后,系统就为这个指针变量分配一个存储单元,用它来存放地址,但此时该指针变量并未指向确定的整型变量,因为该指针变量中并未赋予确定的地址。

对无指向的指针进行操作,会产生错误。当指针指向对象不存在时,可以按如下方式为指针赋初值。

```
int * p1 = NULL;                          //定义指针变量的同时赋初值
```

或

```
int * p1;
p1 = NULL;                                //使用赋值语句给指针变量赋初值
```

若想使指针变量指向一个整型变量,必须将整型变量的地址赋给它。

例如:

```
int x, * pointer_1;
pointer_1 = &x;
```

赋值语句 pointer_1=&x;的作用是使 pointer_1 指向变量 x。

(3) 一个指针变量只能指向同一类型的变量。

例如:pointer_1 可以指向一个整型变量,但不可以指向一个实型变量。

(4) 指针变量可以定义为指向字符型、实型以及其他类型的变量。

例如:

```
float * pointer_2;
char * ch;
```

【示例 1】　指针变量的定义。

```
# include < stdio. h>
int main()
{
    char i = 'a';
    int j = 16;
    char * p1;
    int * p2;
    p1 = &i;
    p2 = &j;
    printf(" % d\n",&i);
    printf(" % d\n",p1);
    printf(" % d\n",&j);
    printf(" % d\n",p2);
}
```

程序运行结果：

```
6618639
6618639
6618632
6618632
```

想一想

有如下程序段：

```
int 1 = 2, * p;
p = 5;
```

请找出错误及原因并纠正。

知识点 3：指针变量的操作

在 C 语言中,有如下两个有关指针操作的运算符。

(1) &：取地址运算符。& x 是变量 x 的地址。

(2) *：指针运算符(也称"间接访问"运算符)。 * p 代表指针变量 p 指向的对象。

在引用指针变量时,通常有下列 3 种情况。

(1) 给指针变量赋值。

例如：

```
p = &x;                          //把变量 x 的地址赋给指针变量 p
```

指针变量 p 的值是变量 x 的地址,p 指向 x。

(2) 引用指针变量指向的变量。

如果上面赋值已经完成,则执行：

```
printf(" % d", * p);
```

其作用是以整数形式输出指针变量 p 所指向的变量的值,即变量 x 的值。

(3) 输出指针变量的值。

例如：

```
printf(" % x",p);
```

其作用是以十六进制的形式输出指针变量 p 的值,如果 p 已经指向了变量 x,则输出变量 x 的地址,即 & x。

【示例 2】 通过指针变量访问整型变量。

```
# include < stdio. h >
int main(){
    int a = 100,b = 10;
    int * pointer_1, * pointer_2;
    pointer_1 = &a;
    pointer_2 = &b;
    printf("a = % d,b = % d\n" ,a,b);
```

```
        printf(" * pointer_1 = % d,  * pointer_2 = % d\n",  * pointer_1,  * pointer_2);
}
```

程序运行结果：

```
a = 100,b = 10
 * pointer_1 = 100, * pointer_2 = 10
```

解析：

（1）程序在开头处定义了两个指针变量 pointer_1 和 pointer_2。但此时它们并未指向任何一个变量，只是提供两个指针变量，规定它们可以指向整型变量，至于指向哪一个整型变量要在程序语句中指定。程序第 5、第 6 两行的作用就是使 pointer_1 指向变量 a，pointer_2 指向变量 b。此时 pointer_1 的值为 &a（即 a 的地址），pointer_2 的值为 &b。

（2）第 7 行输出变量 a 和 b 的值 100 和 10。第 8 行输出 * pointer_1 和 * pointer_2 的值。其中的 * 表示指向。 * pointer_1 表示指针变量 pointer_1 所指向的变量，也就是变量 a。 * pointer_2 表示指针变量 pointer_2 所指向的变量，也就是变量 b。从程序运行结果看到，它们的值也是 100 和 10。

（3）程序中有两处出现 * pointer_1 和 * pointer_2，二者的含义不同。程序第 4 行的 * pointer_1 和 * pointer_2 表示定义两个指针变量 pointer_1 和 pointer_2。它们前面的 * 只是表示该变量是指针变量。程序最后一行 printf() 函数中的 * pointer_1 和 * pointer_2 则代表指针变量 pointer_1 和 pointer_2 所指向的变量。

任务实施

实例：输入两个整型变量 a 和 b，将它们按由大到小的顺序输出。

1. 实例分析

可以用指针法来处理这个问题，不交换整型变量的值，而是通过交换两个指针变量的值来实现。

2. 编写程序

```
# include < stdio. h >
int main()
{
    int a,b, * p1, * p2, * p;
    printf("a = ");
    scanf(" % d",&a);
    printf("b = ");
    scanf(" % d",&b);
    p1 = &a;
    p2 = &b;
    if(a < b)
            {p = p1;p1 = p2;p2 = p;}
    printf("a = % d,b = % d\n",a,b);
    printf("max = % d,min = % d\n", * p1, * p2);
    return 0;
}
```

程序运行结果：

```
a = 3
b = 5
a = 3,b = 5
max = 5,min = 3
```

3. 程序分析

输入 a＝3，b＝5，由于 a＜b，将 p1 和 p2 交换。交换前的情况如图 8-2(a)所示，交换后的情况如图 8-2(b)所示。

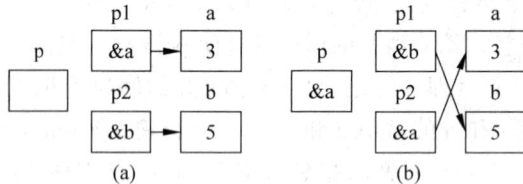

图 8-2　交换指针变量

注意：变量 a 和 b 仍然保留原值，而指针变量 p1 和 p2 的值(即 p1 和 p2 的指向)改变了。程序中指针变量 p 的作用是作为交换 p1 和 p2 的值所用的临时变量。复合语句｛p＝p1；p1＝p2；p2＝p；｝中指针变量之间赋值的三条语句完成了 p1 和 p2 的值交换的任务。

📚 任务测试

根据任务 1 所学内容，完成下列测试。

1. 下列关于指针的描述中，正确的是(　　　)。

　　A. 指针是一个变量，其值为另一个变量的地址

　　B. 指针只能指向数组元素，不能指向普通变量

　　C. 指针的值永远是指向的变量的实际值

　　D. 指针必须在声明时初始化

2. 在 C 语言中，可以获取变量的地址的运算符是(　　　)。

　　A. &　　　　　　　　B. *　　　　　　　　C. %　　　　　　　　D. $

3. 下列语句中，正确的指针初始化方式是(　　　)。

　　A. int * ptr＝10；　　　　　　　　　　B. int * ptr＝&num；

　　C. int * ptr＝num；　　　　　　　　　D. int * ptr＝ * num；

4. 在 C 语言中，通过指针修改变量值的语句是(　　　)。

　　A. ptr —> value = 10；　　　　　　　　B. * ptr＝10；

　　C. ptr. value＝10；　　　　　　　　　　D. ptr＝10；

5. 如果有一个指向整数的指针 int * ptr，那么要访问指针所指向的变量的地址，应该使用(　　　)。

　　A. * ptr　　　　　　　　　　　　　　　B. ptr

　　C. &ptr　　　　　　　　　　　　　　　D. &(* ptr)

任务 2　指针访问数组

任务描述

在 C 语言中,指针是一种强大的工具,能够有效地访问和操作数组元素。理解指针与数组的关系对于编写高效的程序至关重要。本任务将通过介绍数组元素的指针,以及在引用数组元素时指针的运算和通过指针引用数组元素的实践,掌握在 C 语言中通过指针访问数组的方法和应用。

任务准备

知识点 1：数组元素的指针

指针变量既然可以指向变量,当然也可以指向数组元素。数组元素的指针就是数组元素的地址,是指向数组中单个元素的指针变量。

1. 数组名与指针关系

在 C 语言中,数组名实际上是指向数组第一个元素的指针常量。数组名不代表整个数组,只代表数组首元素的地址。

例如,对于一个整型数组 int arr[5];,arr 可以被看作是指向 arr[0] 的指针。

2. 指针声明和初始化

要声明一个指向数组元素的指针,可以使用指针类型加上数组名或者数组元素的地址进行初始化。例如：

```
int arr[5] = {10, 20, 30, 40, 50};
int * ptr;                        //声明一个整型指针变量
ptr = arr;                        //或者可以写成 ptr = &arr[0];
```

这里,ptr 指向了数组 arr 的第一个元素 arr[0]。

在定义指针变量时可以对它进行初始化,例如：

```
int * ptr = &arr[0];
```

它等价于下面两行：

```
int * ptr;
ptr = &arr[0];
```

当然也可以写成：

```
int * ptr = arr;
```

3. 指针的解引用操作

使用指针访问数组元素时,可以通过指针解引用操作符 * 来获取指针指向的值。例如：

```
printf("第一个元素: % d\n", * ptr);     //输出数组第一个元素的值
```

这将输出数组 arr 的第一个元素的值。

想一想

以下程序的运行结果是什么？

```
#include<stdio.h>
int main()
{
    int a[10] = {1,3,5,7,8,11,13,15,17,19};
    int * p;
    p = &a[1];
    printf(" % d\n", * p);
    return 0;
}
```

(1) 调试并写出输出结果。

_____

_____

(2) 分析原因。

_____

_____

知识点 2：在引用数组元素时指针的运算

当指针指向数组元素的时候，可以对指针进行加和减的运算。例如，指针变量 ptr 指向数组元素 arr[0]，希望用 ptr+1 表示指向下一个元素 arr[1]。如果能实现这样的运算，就会为引用数组元素提供很大的方便。

在指针指向数组元素时，可以对指针进行以下运算。

(1) 加一个整数(用+或+=)，如 p+1。

(2) 减一个整数(用-或-=)，如 p-1。

(3) 自加运算，如 p++、++p。

(4) 自减运算，如 p--、--p。

(5) 两个指针相减，如 p1-p2(只有 p1 和 p2 都指向同一数组中的元素时才有意义)。

具体说明如下。

(1) 如果指针变量 p 已指向数组中的一个元素，则 p+1 指向同一数组中的下一个元素，p-1 指向同一数组中的上一个元素。

注意：执行 p++时并不是将 p 的值(地址)简单地加 1，而是加上一个数组元素所占用的字节数。例如，p 指向的数组元素是 float 型，每个元素占 4 字节，则 p+1 意味着使 p 的值(地址)加 4 字节，以使它指向下一元素。p+1 所代表的地址实际上是 p+1×d，d 是一个数组元素所占的字节数(在 Dev-C++中，对 int 型，d=4；对 float 型和 long 型，d=4；对 char 型，d=1)。若 p 的值是 2000，则 p+1 的值不是 2001，而是 2004。

(2) 如果 ptr 的初值为 &arr[0]，则 ptr+i 和 arr+i 就是数组元素 arr[i]的地址，或者说，它们指向 arr 数组序号为 i 的元素。需要注意的是 arr 代表数组首元素的地址，arr+1 也是地址，它的实际地址为 arr+1×d(d 是一个数组元素所占的字节数)。例如，ptr+9 和 arr+9 的值是 &arr[9]，它指向 arr[9]。

(3) * (ptr+i)或 * (arr+i)是 ptr+i 或 arr+i 所指向的数组元素，即 arr[i]。

例如,*(ptr+2)或*(arr+2)就是 arr[2],即*(ptr+2)、*(arr+2)和 arr[2]三者等价。

(4) 如果指针变量 ptr1 和 ptr2 都指向同一数组,执行 ptr2-ptr1,结果是 ptr2-ptr1 的值(两个地址之差)除以数组元素的长度。假设,ptr2 指向整型数组元素 arr[6],其值为 1080;ptr1 指向 a[4],其值为 1072,则 p2-p1 的结果是(1080-1072)/4=2。

两个地址不能加、乘和除。

想一想

以下程序的运行结果是什么?

```
#include<stdio.h>
int main()
{
    int a[10] = {2,4,6,8,10,11,13,15,17,19};
    int *p;
    p = a;
    printf("%d\n", *p);
    p++;
    ++p;
    printf("%d\n", *p);
    printf("%d\n",p-a);
    return 0;
}
```

调试并写出输出结果。

知识点 3:通过指针引用数组元素

可以用以下两种方法引用数组元素。

(1) 下标法,如 arr[i]的形式。

(2) 指针法,如*(a+i)或*(p+i)。其中 a 是数组名,p 是指向数组元素的指针变量,其初始值 p=a。

【示例】　利用不同方法输出数组 a 中全部元素。

(1) 下标法。

```
#include<stdio.h>
int main()
{
    int a[5] = {10,20,30,40,50},i;
    for(i = 0;i<5;i++)
        printf("a[%d] = %d ",i,a[i]);
    return 0;
}
```

程序运行结果:

```
a[0] = 10  a[1] = 20  a[2] = 30  a[3] = 40  a[4] = 50
```

(2) 指针法。

① 利用数组名计算数组元素地址,输出各元素的值。

```
# include < stdio.h >
int main()
{
    int a[5] = {10,20,30,40,50},i;
    for(i = 0;i < 5;i++)
            printf("a[ %d] = %d ",i, * (a + i));
    return 0;
}
```

程序运行结果：

a[0] = 10　a[1] = 20　a[2] = 30　a[3] = 40　a[4] = 50

② 利用指针变量指向数组，输出各元素的值。

```
# include < stdio.h >
int main()
{
    int a[5] = {10,20,30,40,50},i = 0;
    int * p;
    for(p = a;p < a + 5;p++)
            printf("a[ %d] = %d ",i++, * p);
    return 0;
}
```

程序运行结果：

a[0] = 10　a[1] = 20　a[2] = 30　a[3] = 40　a[4] = 50

上面三个程序都能得到数组 a 中各元素的值。

第一个程序用下标法来访问数组元素时是把数组元素 a[i]转换成 *(a+i)来处理。即先计算出数组元素 a[i]的地址 a+i，然后再找到它指向的存储单元，读取它的值输出。

指针法中的第一个程序与下标法相似。它直接通过 *(a+i)访问地址 a+i 所指向的数组元素 a[i]。数组 a 的起始地址是不变的，而利用整型变量 i 的不断变化，从而使 *(a+i)指向数组中的不同元素。

在指针法的第二个程序中，利用指针变量 p 指向数组元素的方法输出各元素值。首先 p 的初值等于 a,p 指向 a 数组中下标为 0 的元素 a[0], * p 就是 a[0],在输出 * p 的值之后,p++使指针 p 指向下一个元素,此时 p 指向 a[1], * p 就是 a[1],在输出 * p 之后,p++又使指针指向下一个元素,直到 p=a+5 为止。

想一想

以下程序有何错误？

```
# include < stdio.h >
int main()
{
    int a[5] = {1,2,3,4,5},i = 0;
    int * ptr;
    for(ptr = a;ptr <= a + 7;ptr + + )
        printf("a[ %d] = %d",i + + , * ptr);
    return 0;
}
```

（1）调试并写出输出结果。

（2）分析原因。

任务实施

实例：小张是某科技公司的程序员，正在开发航天科普知识竞赛系统，他在测试系统中的"每日答题"专题模块程序功能时出现错误，请帮他找出原因并改正错误。

```
# include < stdio. h>
int main()
{
    int * ptr,i,arr[10];
    ptr = arr;
    for(i = 0;i < 10;i++)
    {
        printf("No[ % d] = ",i + 1);
        scanf(" % d",ptr++);
    }
    for(i = 0;i < 10;i++,ptr++)
        printf(" % d", * ptr);
    return 0;
}
```

程序运行结果：

```
No[1] = 98
No[2] = 97
No[3] = 89
No[4] = 90
No[5] = 96
No[6] = 92
No[7] = 95
No[8] = 94
No[9] = 91
No[10] = 93
22 0  - 1108234848 3 6618648 0 11408272 0 4199349 0
```

解析：程序输出的数值并不是 a 数组中各元素的值。

问题出在指针变量 ptr 的指向，请仔细分析 ptr 的值的变化过程。指针变量 ptr 的初始值为 arr 数组首元素（即 arr[0]）的地址，但经过第 1 个 for 语句读入数据后，ptr 已指向 arr 数组的末尾。因此，在执行第 2 个 for 语句时，ptr 的起始值不是 &arr[0] 了，而是 arr＋10。由于执行第 2 个 for 语句时，每轮要执行 ptr++，因此指针变量 ptr 指向的是 arr 数组下面的 10 个存储单元，而这些存储单元中的值是不可预料的。

解决这个问题的办法是，在第 2 个 for 语句之前加一个赋值语句。

```
ptr = arr;
```

使 ptr 的初始值重新等于 &arr[0]，这样结果就对了。

请上机验证。

任务测试

根据任务 2 所学内容，完成下列测试。

1. 以下程序运行后的输出结果是(   )。

```c
# include < stdio. h >
int main()
{
    int arr[5] = {1, 2, 3, 4, 5};
    int * ptr = arr;
    printf("% d\n", * (ptr + 2));
    return 0;
}
```

   A. 1   B. 2   C. 3   D. 4

2. 以下程序运行后的输出结果是(   )。

```c
# include < stdio. h >
int main()
{
    int arr[10] = {0};
    int * ptr = arr + 5;
    * ptr = 10;
    printf("% d\n", arr[5]);
    return 0;
}
```

   A. 0   B. 5   C. 10   D. 编译错误

3. 以下程序运行后的输出结果是(   )。

```c
# include < stdio. h >
int main()
{
    int arr[10] = {1, 2, 3, 4, 5, 6, 7, 8, 9, 10};
    int * ptr = &arr[3];
    ptr += 3;
    printf("% d\n", * ptr);
    return 0;
}
```

   A. 3   B. 6   C. 7   D. 10

4. 以下程序运行后的输出结果是(   )。

```c
# include < stdio. h >
int main()
{
    int arr[10] = {1, 2, 3, 4, 5, 6, 7, 8, 9, 10};
    int * ptr = &arr[1];
    printf("% d\n", * ptr++);
    return 0;
}
```

A. 1　　　　　　　　　　B. 2　　　　　　　　C. 编译错误　　　　　　D. 4

5. 关于以下程序,说法正确的是(　　)。

```c
#include <stdio.h>
int main()
{
    int arr[10] = {1, 2, 3, 4, 5};
    int *ptr = arr;
    printf("%d\n", *(ptr + 10));
    return 0;
}
```

A. 程序将输出数组的第 11 个元素的值

B. 程序将输出 0,因为未初始化的内存可能包含 0

C. 程序行为未定义,因为尝试访问数组外的内存

D. 编译时会产生错误

任务 3　指针访问字符串和指针作为函数参数

任务描述

在 C 语言中,指针是一种强大的工具,能够有效地访问和操作字符串。理解指针与字符串的关系对于编写高效的程序至关重要。本任务将通过介绍指针访问字符串的基本方法,以及在函数中通过指针操作字符串的实践,掌握在 C 语言中通过指针访问和操作字符串的方法和应用。

任务准备

知识点 1: 指向字符串的指针

在 C 语言中,字符串可用字符数组来存放。因此在对字符串操作时,可以定义字符数组,也可以定义字符指针(指向字符型数据)。

1. 通过赋初值的方式使指针指向一个字符串

在定义字符指针变量的同时,将存放字符串的存储单元起始地址赋给指针变量。例如:

```c
char *p1 = "I'm a Chinese";
```

这里,将把存放字符串常量的无名存储区的首地址赋给指针变量 p1,使 p1 指向字符串的第一个字符'I'。注意:不要误以为是将字符串赋给了 p1。又如:

```c
char str[ ] = "We love China", *p2 = str;
```

在定义指针变量 p2 的同时,把存放字符串的字符数组 str 的首地址作为初值赋给了它,使 p2 指向了字符串的第一个字符'W'。

2. 通过赋值运算使指针指向一个字符串

如果已经定义了一个字符型指针变量,可以通过赋值运算将某个字符串的起始地址赋给它,从而使其指向一个具体的字符串。例如:

```
char  * p1 ;
p1 = "I'm a Chinese" ;
```

这里也是将存放字符串常量的首地址赋给了 p1。

又如：

```
char str[] = "We love Chinese",  * p2 ;
p2 = str;                           //此语句等价于 p2 = &str[0];
```

通过赋值语句使指针 p2 指向了存放字符串的字符数组 str 的首地址。

3. 用字符数组作为字符串和用指针指向字符串之间的区别

若有以下定义：

```
char str[ ] = "Program" ;
char * pstr = "Program";
```

虽然字符串的内容相同，但它们占有不同的存储空间，它们的存储结构如图 8-3 所示。

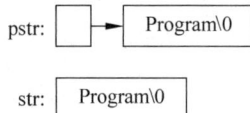

图 8-3   用指针指向字符串和用字符数组作为字符串的存储结构

这里，str 是一个字符数组，通过赋初值，系统为它开辟了刚好能存放以上 8 个字符的存储空间（字符序列再加'\0'），可以通过数组元素 str[0]、str[1]等形式来引用字符串中的每个字符。在这个数组内，字符串的内容可以改变，但数组 str 总是代表一个固定的存储空间，且最多只能存放含有 7 个字符的字符串。而 pstr 是一个指针变量，通过赋初值，使其指向一个字符串常量，即指向一个含有 8 个字符存储空间的无名字符数组。

注意：str 数组中的字符串内容虽然与 pstr 所指向的字符串内容相同，但这两个字符串分别占有不同的存储空间。虽然也可以通过 pstr[0]等形式来引用字符串常量中的每个字符，但指针变量 pstr 中的地址可以改变而指向另外一个长度不同的字符串。一旦 pstr 指向新的字符串而没有另一个指针指向原来的字符串，则此字符串将丢失，其所占存储空间也将无法引用。

【示例 1】 指向字符串的指针。

```
# include < stdio. h >
int main()
{
    char * str = "12345";
     for(; * str!= '\0';)
        printf(" % s\n",str++);
    return 0;
}
```

程序运行结果：

```
12345
2345
345
```

```
45
5
```

想一想

将 for(;*str!='\0';)改为 for(;*str;),程序运行结果会发生什么变化?

```
#include<stdio.h>
int main()
{
    char * str = "12345";
    for(;*str;)
        printf("%s\n",str++);
    return 0;
}
```

(1) 调试并写出输出结果。

_____

_____

(2) 分析原因。

_____

_____

知识点 2:指针作为函数参数

在 C 语言中,函数的参数传递有两种方式:传递值和传递地址。前面讲过的整型数据、实型数据或字符型数据等都可以作为函数参数进行传递,这些类型数据传递的是变量的值,称为传递值方式。学习了指针变量的概念后,就可以进一步学习用指针变量作为函数参数。指针变量的值是一个地址,指针变量作为函数参数时,传递的也是一个变量的值,但这个值是另外一个变量的地址,这种把变量的地址传递给被调用函数的方式称为传递地址方式。

【示例 2】 利用指针作为函数参数,输出两个整数中较大的一个。

```
#include<stdio.h>
void swap(int *pa, int *pb)
{
    int temp;
    temp = *pa;
    *pa = *pb;
    *pb = temp;
}

int main()
{
    int a, b, *p1, *p2;
    printf("please input a and b:");
    scanf("%d %d", &a, &b);
    p1 = &a;
    p2 = &b;
    if(a<b)
    swap(p1,p2);
    printf("max = %d",a);
    return 0;
}
```

程序运行结果：

```
please input a and b:3 9
max = 9
```

解析：

（1）函数 swap()是用户自定义的函数,它的作用是交换两个指针变量(形参 pa 和 pb)所指向的变量的值。

（2）主函数中定义了两个整型变量 a 和 b,两个指针变量 p1 和 p2,然后输入 a 和 b 的值。

（3）赋值语句 p1＝&a;和 p2＝&y;的作用是使 p1 指向整型变量 a,p2 指向整型变量 b。

（4）执行 swap()函数时,将实参变量 p1 和 p2 的值(整型变量 a 和 b 的地址)传递给形参变量 pa 和 pb,这样 pa 和 pb 的值实际上就是整型变量 a 和 b 的地址。

函数执行过程中通过三条赋值语句使＊pa 和＊pb 的值互换,也就是使指针变量 pa 和 pb 所指向的变量 a 和 b 的值互换。函数执行完后,函数中的形参变量 pa 和 pb 不存在,但变量 a 和 b 仍然存在。

（5）最后 printf()函数输出交换后变量 a 的值。

（6）函数 swap()没有返回值,但在主函数中却得到了两个被改变了的变量的值,这就是传递地址方式的一个很重要的应用。

📖 想一想

将 swap()函数改为下列方式,程序运行结果是否正确?

```
void swap(int * pa, int * pb)
{
    int * temp;
    * temp = * pa;
    pa = * pb;
    pb = * temp;
}
```

（1）调试并写出输出结果。

_____

_____

（2）分析原因。

_____

_____

📚 任务实施

实例 1：小张是某科技公司的程序员,正在开发航天科普知识竞赛系统,系统中的"每日答题"专题模块数据统计程序需将字符串 a 复制为字符串 b。请用指针法编程。

1. 实例分析

可先定义两个字符数组 a1 和 a2,用字符串"We love China!"对数组 a1 初始化,再定义两个指针变量 p1 和 p2,分别指向字符数组 a1 和 a2,改变指针变量 p1 和 p2 的值,使它们顺序指向数组中的各元素,将 a1 数组中的字符逐个复制到 a2 中。

2. 操作步骤

（1）定义变量。

（2）给指针变量赋初值。

（3）使用指针相关知识，补全程序，实现功能。

（4）输出字符串 a1 和 a2，观察结果。

```
# include < stdio. h>
int main()
{
    char a1[ ] = "We love China!", a2[20], * p1, * p2;
    p1 = a1;
    p2 = _____;
    for(; * p1;p1++,p2++)
        * p2 = _____;
    * p2 = '\0';
    printf("The string a1:% s\n",a1);
    printf("The string a2:% s\n",a2);
    return 0;
}
```

实例 2：小张是某科技公司的程序员，正在开发航天科普知识竞赛系统，程序实现功能如下：参与竞赛的答题者可以挑战 3 次答题，将这 3 次答题的成绩按由大到小的顺序输出。请用指针变量作为函数参数来实现。

1. 实例分析

按照题目描述，输入数据为答题者的 3 次成绩，要按由大到小的顺序输出。分析判断条件，可以先比较前 2 次的分数，实现第 1 次成绩高，第 2 次成绩低；再比较第 1 次和第 3 次成绩，实现第 1 次成绩高，第 3 次成绩低；最后比较第 2 次和第 3 次成绩，实现第 2 次成绩高，第 3 次成绩低。

2. 操作步骤

（1）为 3 次成绩分别设定变量 a、b、c。

（2）设定 3 个指针变量 p1、p2、p3，分别指向变量 a、b、c。

（3）用指针变量作为函数参数实现数据交换。

（4）按要求写出程序。

```
void swap(int * pt1, int * pt2)                    //定义交换 2 个变量值的函数
{
    int temp;



}

void exchange(int * pc1, int * pc2, int * pc3)     //定义交换 3 个变量值的函数
{




}
```

```
int main()
{
    int a, b, c, * p1, * p2, * p3;
    printf("please input three spaceflight scores:");
    scanf("%d %d %d", &a, &b, &c);
    p1 = &a;
    p2 = &b;
    p3 = &c;
    exchange(p1, p2, p3);
    printf("New order is: %d %d %d\n", a, b, c);
    return 0;
}
```

任务测试

根据任务 3 所学内容,完成下列测试。

1. 下列关于 C 语言中指针指向字符串的说法中,正确的是(   )。

　　A. 字符串指针不能进行递增操作

　　B. 字符串指针可以用数组名来进行初始化

　　C. 字符串指针的加法操作指向下一个字符

　　D. 字符串指针只能指向字符串的第一个字符

2. 在 C 语言中,声明一个指向字符串的指针变量 pstr 的代码是(   )。

　　A. char pstr[];　　　B. char * pstr;　　　C. char []pstr;　　　D. string pstr;

3. 如果有如下声明和赋值:

```
char * ptr;
char str[] = "Hello";
ptr = str;
```

那么表达式 ptr + 2 的值是(   )。

　　A. 指向字符 'H'　　　　　　　　　　B. 指向字符 'l'

　　C. 指向字符 'l' 的地址　　　　　　　D. 指向字符 'o'

4. 下列关于指针作为函数参数的说法中,正确的是(   )。

　　A. 函数内部可以通过指针修改实参的值

　　B. 指针参数必须是 const 型才能被函数修改

　　C. 指针参数在函数调用时自动分配内存空间

　　D. 指针参数只能传递给函数的指针形参

5. 如果有如下函数定义:

```
void modify(int * ptr) {
    * ptr = 10;
}
```

那么调用 modify() 函数时,传递参数应该是(   )。

　　A. int val; modify(val);　　　　　　B. int * val; modify(* val);

　　C. int val; modify(&val);　　　　　　D. int * val; modify(&val);

综 合 练 习

根据项目所学内容,完成下列练习。

一、单项选择题

1. 若有定义指针变量 int ＊pt;,则指针变量名是(   )。

    A. ＊pt
                        B. pt

    C. ＆pt
                        D. 以上 3 个都不是

2. 已有如下语句:

```
int m = 3, ＊ptr; ptr = &m;
```

下面能正确执行的赋值语句是(   )。

    A. scanf("％d",m);
            B. scanf("％d",ptr);

    C. scanf("％d",＆ptr);
          D. scanf("％d",＊ptr);

3. 以下程序调用 scanf() 函数给变量 k 输入数值的方法是错误的,其原因是(   )。

```
main()
{
    int ＊p, ＊q,k,m;
    p = &k;
    printf("input k:");
    scanf("％d", ＊p);
    …
}
```

    A. ＊p 表示的是指针变量 p 的地址

    B. ＊p 表示的是变量 k 的值,而不是变量 k 的地址

    C. ＊p 表示的是指针变量 p 的值

    D. ＊p 只能用来说明 p 是一个指针变量

4. 若有定义语句:int year＝2023, ＊p＝＆year;,以下选项中不能使变量 year 的值增至 2024 的语句是(   )。

    A. ＊p＋＝1
       B. (＊p)＋＋
       C. ＋＋(＊p)
       D. ＊p＋＋

5. 若有定义:int array[5];,则数组 array 中首元素的地址是(   )。

    A. ＆array
       B. array＋1
       C. array
         D. ＆array[1]

6. 下列程序运行后输出结果是(   )。

```
＃include < stdio. h>
main()
{
    int arr[10] = {1,2,3,4,5,6,7,8,9};
    int ＊p = arr;
    printf("％d\n", ＊(p + 2));
}
```

    A. 1
            B. 2
            C. 3
            D. 4

7. 若有如下程序:

```
char * s = "cdefgh";
s += 2;
printf("% d",s);
```

程序运行后输出结果是(   )。

    A. edfgh   B. 字符'e'的地址

    C. 字符'e'   D. 不确定

8. 若有以下程序：

```
# include < stdio. h >
main()
{
    char * s = "120119110";
    int n0,n1,n2,nn,i;
    n0 = n1 = n2 = nn = i = 0;
    do{
        switch(s[i++])
        {default:nn++;
        case'0':n0++;
        case'1': n1++;
        case'2': n2++;}
    }while(s[i]);
    printf("n0 = % d,n1 = % d,n2 = % d,nn = % d\n",n0,n1,n2,nn);
}
```

则程序运行后输出结果是(   )。

    A. n0=3,n1=8,n2=9,nn=1   B. n0=2,n1=5,n2=1,nn=1

    C. n0=2,n1=7,n2=10,nn=1   D. n0=4,n1=8,n2=9,nn=1

9. 若有以下程序：

```
# include < stdio. h >
int k = 5;
void f(int * s)
{
    s = &k;
    * s = k;
}
main()
{
    int m = 3;
    f(&m);
    printf("% d, % d\n", m, k);
}
```

程序运行后输出结果是(   )。

    A. 3,3   B. 5,5   C. 3,5   D. 5,3

10. 若有如下程序：

```
# include < stdio. h >
int change(int * data)
{
    return ( * data)++;
```

```
}
main()
{
    int data = 123;
    change(&data);
    printf("%d,", data);
    data = change(&data);
    printf("%d,", data);
    printf("\n");
}
```

程序运行后输出结果是(　　)。

    A. 124,124　　　　　　B. 123,124　　　　　C. 124,123　　　　　D. 123,123

二、填空题

1. 能够直接赋值给指针变量的整数是_____。

2. 定义一个字符指针变量 p,并且指向字符串"efgk"的语句是_____。

3. 指针变量和数组名的区别是:指针变量是一个_____,可以改变其值,而数组名是数组首地址,是一个_____,不能对它赋值。

4. 使用变量名访问变量,是按照变量的地址直接存取变量,称为_____方式;而借助指针变量取得另一个变量的地址,访问该变量,称为_____方式。

5. 若有 char s[]="abc",*p=s;其中_____代表数组的首地址,是常量,值不能被改变;_____是一个指向字符串的变量,其值为该字符串常量的地址。

6. 有如下程序:

```
#include<stdio.h>
void fun(int *a,int *b)
{
    for( ;(*a<*b)||(getchar()!='@') ; )
        {(*a)++;
        (*b)--;}
}
main()
{
    int i=0,j=5;
    fun(&i,&j);
    printf("%d,%d\n",i,j);
}
```

程序运行时在第一列开始输入 ab@<回车>

则运行结果是_____。

7. 写出以下程序的运行结果_____。

```
#include<stdio.h>
int fun(char *s)
{
    char *p=s;
    while(*p)
        p++;
    return (p-s);
}
```

```
main()
{
    char * s = "abcdef";
    printf("% d",fun(s));
}
```

8. 写出输入 6<回车>时程序的运行结果_____。

```
# include < stdio. h >
void sub(char * a,char b)
{
    while( * (a++)!= '\0') ;
    while( * (a-1)< b)
        * (a-- ) = * (a-1);
     * (a -- ) = b;
}
main()
{
    char a[] = "97531",c;
    c = getchar();
    sub(a,c);
    puts(a);

}
```

9. 以下程序运行后的输出结果是_____。

```
# include < stdio. h >
main()
{
    int x[ ] = {8,2,6,12,5,15},f1, f2;
    int * p =  x;
    f1 = f2 = x[0];
    for(;p <= x + 5; p++)
    {
        if(f1 < * p) f1 = * p;
        if(f2 > * p) f2 = * p;
    }
    printf("% d, % d\n",f1,f2);
}
```

10. 以下程序的运行结果是_____。

```
# include < stdio. h >
int change(int * data)
{
     * data =  * data % 2;
    return ( * data) + 1;
}
main()
{
    int data = 12;
    change(&data);
    printf("% d,", data);
    data = change(&data);
    printf("% d,", data);
}
```

三、补全代码题

1. 下列程序的功能是：输入一个字符串，输出其中出现过的大写英文字母。例如，输入字符串"UKSDYasdkjhgJSJJD"，应输出"UKSDYJ"，请补全程序。

```c
#include<stdio.h>
main()
{
    char a[80],b[26];
    int i,j,k = 0;
    gets(a);
    for(i = 0; _____ ;i++)
        if(a[i] >= 'A' && a[i] <= 'Z')
        {
            for(j = 0;j < k;j++)
                if(_____) break;
            if(j == k)
            {
                b[k] = a[i];
                _____;
            }
        }
    b[k] = '\0';
    for(i = 0;_____;i++)
        _____;
    printf("\n");
}
```

2. 下列程序的功能是：通过指针，找出 3 个整数中的最小值并输出，请补全程序。

```c
#include<stdio.h>
main()
{
    int * a, * b, _____ ,num,x,y,z;
    a = &x;b = &y,c = &z;
    printf("请输入 3 个整数：");
    _____;
    printf("%d, %d, %d\n", * a, * b, * c);
    num = * a;
    if( * a> * b)_____;
    if(num > * c)_____;
    printf("输出最小整数：%d\n",_____);
}
```

3. 下列程序可以实现从 5 个数中找到最大值和最小值，请补全程序。

```c
#include<stdio.h>
int max,min;
find(int * p,int n)
{
    int * q;
    max = min = * p;
    for(q = _____;_____;q++)
    {
        if(_____)max = * q;
        else if(_____)min = * q;
```

```
        }
    }

main()
{
    int i,num[5];
    printf("Input 5 numbers:\n");
    for(i = 0;i < 5;i++)
        scanf("% d",&num[i]);
        find(_____);
    printf("max = % d,min = % d\n",max,min);
}
```

4. 下列程序可将一个整数字符串转换为一个整数,如将"-3456"转换为-3456,请补全程序。

```
# include < stdio. h >
# include < string. h >
int charTonum(char * p)
{   int num = 0,k,len,j;
    len = _____;
    for( ;_____; p++ )
    {
        k = _____;
        j = -- len;
        while(_____) {k = k * 10;}
            num = num + k;
    }
    return (num);
}
main()
{   char s[6];
    int n;
    gets(s);
    if(_____)
        n = - charTonum(s + 1);
    else
        n = charTonum(s);
    printf("% d\n",n);
}
```

5. 下列程序的功能是将第二个字符串追加到第一个字符串的末尾,并返回合并后字符串的长度。若运行时输入字符串 qingdao <回车>和 gaoxin <回车>,则程序的输出结果 13。
请补全程序。

```
# include < string. h >
# include < stdio. h >
int strle(char a[],char b[])
{
    int num = 0,n = 0;
    while( * (a + _____)!= '\0')numP++ ;
    while(b[n])
    {
        * (_____ + num) = b[n];
```

```
            num ++ ;
            n ++ ;
        }
        return(_____);
    }
main()
{
        char str1[81],str2[81], * p1 = str1, * p2 = str2;
        gets(p1);gets(p2);
        printf(" % d\n",strle(p1,p2));
}
```

四、编程题（所有习题均用指针方法完成）

1. 输入 10 个整数，按输入顺序输出。

2. 输入 3 个浮点数，按由小到大的顺序输出。

3. 输入 3 个字符串，按由小到大的顺序输出。

4. 输入 10 个整数，将其中最小的数与第一个数对换，把最大的数与最后一个数对换。写 3 个函数：①输入 10 个整数；②进行处理；③输出 10 个数。

5. 有 n 个整数，使前面各数顺序向后移 m 个位置，最后 m 个数变成最前面 m 个数。写一个函数实现上述功能，在主函数中输入 n 个整数和输出调整后的 n 个数。

6. 写一个函数，求一个字符串的长度。在 main() 函数中输入字符串，并输出其长度。

7. 输入一行文字，找出其中大写字母、小写字母、空格、数字和其他字符各有多少。

8. 编写一段程序，输入月份号，输出该月的英文名称。例如：输入 3，则输出 March。

9. 输入两个整数 x 和 y，使用指针作为函数的参数交换两个变量的值并输出。

10. 编写一段程序，使用指针和数组计算数组中所有元素的平均值。

项目 9

结构体和共用体

结构体和共用体是 C 语言中用于组织和管理数据的重要工具,它们允许程序员创建自定义的复合数据类型,以更有效地组织数据和实现复杂的数据结构。

结构体是 C 语言中一种用户定义的数据类型,它允许将不同类型的数据组合成一个单独的实体。通过结构体,可以将相关的数据项打包在一起,形成一个更为复杂的数据结构,使程序的数据处理和维护变得更加方便和清晰。共用体是 C 语言中另一种特殊的数据类型,它允许不同的数据类型在同一个内存空间内存储。共用体的特点是所有成员共享同一块内存空间,这意味着不同成员的值可能会互相影响。

结构体和共用体作为 C 语言中的重要特性,不仅是程序设计中的强大工具,也是培养工程师思维和解决复杂问题的理想范例。通过深入学习和实践,将为今后的软件开发和工程实践奠定坚实的基础。

学习目标

◇ **知识目标**
(1) 理解结构体和共用体的基本概念和用途。
(2) 掌握如何定义和声明结构体及其成员。
(3) 理解共用体的特性和使用场景。
(4) 能够在不同情况下区分和选择使用结构体或共用体。

◇ **能力目标**
(1) 能够设计和实现复杂的数据结构,利用结构体组织多种数据类型。
(2) 能够正确、高效地访问和操作结构体的成员。
(3) 能够应用结构体和共用体解决实际编程问题。

◇ **素养目标**
(1) 培养学生团队合作、探索创新的能力。
(2) 培养系统化思维,能够将复杂问题分解为结构化的数据模型。
(3) 提升代码的可读性和可维护性,养成良好的编程习惯和规范。
(4) 提升对软件工程中数据抽象和模块化设计的理解和应用能力。

项目描述

用户自己建立新的数据类型

到目前为止已学习了字符型、整型和浮点型 3 种基本数据类型,同时学习了一种构造类型:数组。但在计算机应用中,只有这几种数据类型是远远不够的。在实际应用中,有时需要将不同类型的数据组合成一个有机的整体,以便进行程序设计。

例如,一个学生的学号、姓名、性别、年龄、成绩、家庭住址等信息具有不同的数据类型,它们从不同方面描述了一个学生,可以将这些描述当作一个整体。如学生学号 20231302,姓名 Li Ming,性别男,年龄 16 岁,成绩 98 分。

若将它们分别定义为互相独立的简单变量,难以反映它们之间的内在联系,也使变量变得很复杂;又由于它们的数据类型不完全相同,因此也不能用一维数组表示。C 语言允许用户自己建立由不同类型数据组成的组合型数据结构,称为结构体(structure),在其他一些高级语言中称为记录(record)。

【案例】　小张是某科技公司的程序员,正在开发航天科普知识竞赛系统,系统中的"每日答题"专题模块用户信息程序功能设置如下:批量输入每个学生的学号、姓名、年龄、成绩等信息。请编写一个 C 语言程序,定义和使用结构体来表示学生的基本信息。

1. 目标分析

按照题目描述,可用 struct Student 定义一个名为 Student 的结构体,包含 4 个成员: student_id(学生 ID,整型)、name(姓名,字符型)、age(年龄,整型)、score(成绩,浮点型),然后对结构体变量进行声明与初始化,为后期访问和修改结构体成员打下良好的基础。

2. 主要步骤

(1) 结构体定义。

_____

(2) 结构体变量声明与初始化。

_____

(3) 访问和修改结构体成员。

_____

(4) 输出结构体信息。

_____

_____

_____

任务 1　结构体类型的定义和使用

任务描述

通过本任务,将学习如何在 C 语言中定义结构体类型,并理解如何创建结构体变量、如何访问结构体成员以及如何向结构体成员赋值。

任务准备

结构体是 C 语言中的一种复合数据类型,允许将不同类型的数据项组合成一个单一的类型。结构体在表示具有多个属性的复杂数据结构时非常有用,如学生信息(姓名、学号、成绩等)、员工信息(姓名、职位、薪资等)等。

知识点 1：定义和使用结构体变量

1. 定义(声明)一个结构体类型

一般形式：

```
struct 结构体名
{
    成员列表
};
```

例如：

```
struct Student
{
    int num;
    char name[20];
    char sex;
    char address[40];
    float score;
};
```

注意：结构体类型的名字是由一个关键字 struct 和结构体名组合而成的。结构体名是由用户指定的，为区别于其他数据类型，建议名字的首字母大写。

花括号内是该结构体所包含的子项，称为结构体成员(member)。上例中的 num、name、sex、address、score 等都是成员。对各成员都应进行类型声明，即

```
类型名 成员名;
```

成员列表(member list)也称域表(field list)，每一个成员是结构体中的一个域。成员名命名规则与变量名相同。

Student 是一个自定义的结构体类型，它可以放在主函数的前面，或放在使用它的其他函数之前，它和系统已定义的标准类型(如 int 型、char 型、float 型等)一样可以用来定义变量类型。

2. 定义结构体变量

有 3 种方法可以定义结构体变量。

(1) 先定义类型，后定义变量。

(2) 类型和变量同时定义。

(3) 直接定义变量。

定义格式如下。

(1) 先定义类型，后定义变量。

一般形式：

```
struct 结构体名 结构体变量名
```

前面已经建立了一个结构体类型 struct Student，可以用它来定义变量，这种形式和定义其他类型变量的形式相似。

例如：

```
struct Student liming,zhangji;
```

定义了两个 struct Student 类型的变量 liming 和 zhangji,具有 struct Student 类型的结构。

| liming | 2024001 | liming | male | 青岛 | 98.5 |
| zhangji | 2024002 | zhangji | female | 上海 | 96.5 |

(2) 在定义类型的同时定义变量。

一般形式:

```
struct 结构体名
{
    成员列表
}变量名列表;
```

例如:

```
struct Student
{
    int num;
    char name[20];
    char sex;
    char address[40];
    float score;
}liming, zhangji;
```

这里定义结构体类型 struct Student 的同时定义了结构体变量 liming 和 zhangji。

(3) 不指定结构体类型名而直接定义结构体变量。

一般形式:

```
struct
{
    成员列表
}变量名列表;
```

例如:

```
struct
{
    int num;
    char name[20];
    char sex;
    char address[40];
    float score;
}liming, zhangji;
```

3. 结构体变量的初始化和引用

(1) 在定义结构体变量时对它的成员进行初始化。

初始化列表是用花括号括起来的一些常量,这些常量依次赋给结构体变量中的各成员。

注意:初始化是对结构体变量进行初始化,而不是对结构体类型进行初始化。

例如：

```
struct Student liming = {2004001,"liming","male","青岛", 98.5}
```

又如，对某一成员进行初始化：

```
struct Student liming = {.score = 98.5};
```

".score"隐含代表结构体变量 liming 中的成员 liming.score。其他未被指定初始化的数值型成员被系统初始化为 0，字符型成员被系统初始化为 0，指针型成员被系统初始化为 NULL。

（2）结构体变量中成员值的引用形式。

```
结构体变量名.成员名
```

程序中可以对结构体变量的成员赋值，例如：

```
liming.address = "青岛";
```

【示例 1】 输入两个学生的学号、姓名和成绩，输出成绩较高的学生的学号、姓名和成绩。如果两个学生的成绩相同，则输出两个学生的信息。

```c
#include <stdio.h>
//定义学生信息的结构体
struct Student {
    int id;                                    //学号
    char name[50];                             //姓名
    float score;                               //成绩
};

int main()
{
    struct Student student1, student2;        //定义两个学生的结构体变量
    printf("请输入第一个学生的学号、姓名和成绩: \n");
    scanf("%d %s %f", &student1.id, student1.name, &student1.score);

    printf("请输入第二个学生的学号、姓名和成绩: \n");
    scanf("%d %s %f", &student2.id, student2.name, &student2.score);

    if (student1.score > student2.score)
        printf("成绩较高的学生是: 学号 %d,姓名 %s,成绩 %.2f\n", student1.id, student1.
        name, student1.score);
    else if(student1.score < student2.score)
        printf("成绩较高的学生是: 学号 %d,姓名 %s,成绩 %.2f\n", student2.id, student2.
        name, student2.score);
    else
    {
        printf("两个学生的成绩相同,分别是: \n");
        printf("学号 %d,姓名 %s,成绩 %.2f\n", student1.id, student1.name, student1.score);
        printf("学号 %d,姓名 %s,成绩 %.2f\n", student2.id, student2.name, student2.score);
    }
    return 0;
}
```

程序运行结果：

```
请输入第一个学生的学号、姓名和成绩：
200401 liming 98.5
请输入第二个学生的学号、姓名和成绩：
200402 zhangji 96.5
成绩较高的学生是：学号 200401,姓名 liming,成绩 98.50
```

程序分析：这段代码首先定义了一个 Student 结构体，用于存储学生的学号、姓名和成绩；然后，在 main()函数中定义了 2 个 Student 类型的变量 student1 和 student2，分别用于存储 2 个学生的信息；接着，程序通过 scanf()函数接收用户输入的 2 个学生的信息，并使用 if-else 语句比较这 2 个学生的成绩，最后输出成绩较高的学生的信息；如果这 2 个学生的成绩相同，则输出 2 个学生的信息。

想一想

（1）同类型的结构体变量可以互相赋值吗？（如：student1＝student2）

（2）请上机验证输出 student2 结构体各成员的值。

知识点 2：使用结构体数组

一个结构体变量中可以存放一组有关联的数据（如学生的学号、姓名、成绩等）。如果有 40 个学生的数据需要参加运算，显然应该用数组，这就是结构体数组。

每个数组元素都是一个结构体类型的数据，它们都分别包含各个成员项。

1. 定义结构体数组的一般形式

第一种：struct 结构体名。

```
struct 结构体名
{
    成员列表
}数组名[数组长度];
```

例如：

```
struct Student
{
    int num;
    char name[20];
    float score;
} student_1[40];
```

第二种：先定义一个结构体类型，再用此类型定义结构体数组。

```
结构体类型 数组名[数组长度];
```

例如：

```
struct Student student_2[40];
```

2. 对结构体数组进行初始化

初始化的形式是在定义数组的后面加上：＝﹛初始列表﹜;。

例如：

```
struct Student student_2[3] = {{202401, "liming", 98.5}, {202402, "zhangji", 96.5}, {202403,
"libai", 97.5}};
```

【示例 2】   要从参加航天科普知识竞赛的 3 名优秀选手中选出 1 名,有 10 人参加投票。
请编写 1 个统计选票的程序,先输入候选人的名字,最后输出各人的得票情况。

```c
#include <stdio.h>
#include <string.h>

struct Candidate
{
    char name[20];
    int votes;
};

int main()
{
    struct Candidate candidates[3];
    char voter_choice[20];
    int i, j;

    printf("请输入 3 名候选人的名字: \n");
    for (i = 0; i < 3; i++)
    {
        printf("候选人 %d: ", i + 1);
        scanf("%s", candidates[i].name);
        candidates[i].votes = 0;                        // 初始化得票数
    }
    printf("\n 现在开始投票,请输入候选人的名字: \n");
    for (i = 0; i < 10; i++)
    {
        printf("投票者 %d: ", i + 1);
        scanf("%s", voter_choice);

        // 检查投票是否合法,并计票
        for (j = 0; j < 3; j++)
        {
            if (strcmp(voter_choice, candidates[j].name) == 0)
            {
                candidates[j].votes++;
                break;
            }
        }
        if (j == 3) printf("无效投票!\n");
    }

    printf("\n 各候选人的得票情况如下: \n");
    for (i = 0; i < 3; i++)
    {
        printf("%s: %d 票\n", candidates[i].name, candidates[i].votes);
    }
    return 0;
}
```

程序运行结果：

```
请输入 3 名候选人的名字：
候选人 1：zs
候选人 2：ls
候选人 3：ww

现在开始投票,请输入候选人的名字：
投票者 1：zs
投票者 2：ls
投票者 3：zs
投票者 4：zs
投票者 5：ww
投票者 6：ii
无效投票！
投票者 7：ls
投票者 8：ls
投票者 9：ls
投票者 10：ww

各候选人的得票情况如下：
zs：3 票
ls：4 票
ww：2 票
```

程序分析：

（1）用户输入 3 个候选人的名字。

（2）用户输入 10 个投票,每个投票者输入候选人的名字。

（3）程序检查投票是否合法（即是否为有效候选人的名字）。

（4）程序统计每个候选人的得票情况。

（5）程序输出每个候选人的得票数。

想一想

示例 2 中缺少对无效票的统计,请补充代码完成这一功能并上机验证。

知识点 3：结构体指针

结构体指针是指向结构体变量的指针。通过结构体指针,可以间接地访问和操作结构体中的数据,而无须每次都传递整个结构体。这种方式不仅减少了函数参数的大小,提高了程序的运行效率,还使函数能够直接修改传入的结构体变量中的数据,因为指针允许访问和修改指针所指向的内存区域。

结构体指针在 C 语言中的应用极为广泛,特别是在处理复杂数据结构和实现链表、树等数据结构时,结构体指针几乎是不可或缺的。它们使数据的管理、遍历和修改变得更加直接和高效。

1. 指向结构体变量的指针

指向结构体对象的指针变量既可指向结构体变量,也可指向结构体数组中的元素。指针变量的基类型必须与结构体变量的类型相同。例如：

```
struct Student * stu              //stu 可以指向 struct Student 类型的变量或数组元素
```

【示例 3】 有一个表示学生信息的结构体,包括学生的姓名和学号,现将通过结构体指针来创建学生实例,并访问和修改其信息。

```
# include < stdio. h >
# include < string. h >

struct Student
{
    char name[20];
    int id;
};

int main()
{
    struct Student stu = {"liming", 2024001};
    struct Student * pStu = &stu;
    printf("Student Name: % s, ID: % d\n", ( * pStu).name, ( * pStu).id);
    strcpy(( * pStu).name, "zhangji");
    ( * pStu).id = 2004002;
    printf("Updated Student Name: % s, ID: % d\n", ( * pStu).name, ( * pStu).id);
    return 0;
}
```

示例 3 分析如下。

在这个例子中,定义了 Student 结构体来表示学生信息,并创建了一个 Student 类型的变量 stu。接着,声明了一个指向 Student 类型的指针 pStu,并将其初始化为指向 stu。通过 pStu,能够访问和修改 stu 中的数据,展示了结构体指针在 C 语言中的强大功能和灵活性。

注意:C 语言中的"—>"运算符用于访问通过指针引用的结构体成员,它是结构体指针的间接成员访问运算符,称为指向运算符。

如果 pStu 指向一个结构体变量 stu,以下 3 种用法等价。

(1) stu. 成员名(如: stu. id)。

(2) (* pStu). 成员名(如: (* pStu). id)。

(3) pStu—>成员名(如: pStu—> id)。

📖 **想一想**

示例 3 中的语句: (* pStu).id=2004002;用"—>"指向运算符如何表示?
请修改代码完成这一功能并上机验证。

---

2. 指向结构体数组的指针

也可以用指针变量指向结构体数组的元素。

【示例 4】 有 3 个学生的信息(编号、姓名、性别、年龄),放在结构体数组中,要求输出全部学生的信息。

```
# include < stdio. h >
# include < string. h >

struct Student
{
    int id;
    char name[20];
```

```
        char gender;
        int age;
};

int main()
{
    struct Student students[3] =
    {
        {1, "wangli", 'F', 20},
        {2, "liming", 'M', 22},
        {3, "zhangji", 'M', 21}
    };

    struct Student * ptr;

    printf("所有学生的信息如下：\n");
    for (ptr = students; ptr < students + 3; ptr++)
    {
        printf("编号：% d, 姓名：% s, 性别：% c, 年龄：% d\n", ptr -> id, ptr -> name, ptr ->
        gender, ptr -> age);
    }

    return 0;
}
```

程序运行结果：

```
所有学生的信息如下：
编号：1, 姓名：wangli, 性别：F, 年龄：20
编号：2, 姓名：liming, 性别：M, 年龄：22
编号：3, 姓名：zhangji, 性别：M, 年龄：21
```

示例 4 分析如下。

在这个程序中，首先定义了 1 个 Student 结构体，并创建了 1 个 Student 类型的数组 students 来存储 3 个学生的信息；然后，声明了 1 个指向 Student 类型的指针 ptr，并将其初始化为指向 students 数组的第 1 个元素。

在 for 循环中，使用指针递增的方式来遍历数组，并在每次迭代中直接通过"ptr->成员名"来访问当前元素。这种方法在程序设计中更直观更灵活，但要避免越界访问。

📕 任务实施

实例：有 10 名学生参加航天科普知识竞赛。每名学生的数据包括学号、姓名、3 项考试的成绩。从键盘输入 10 名学生的数据，要求输出 3 项考试的平均成绩，以及最高分的学生的数据（学号、姓名、3 项考试的成绩、平均分数）。

1. 实例分析

（1）建立结构体 Student 用于存储每个学生的学号、姓名、3 项考试的成绩以及平均成绩。

（2）创建并使用 1 个 Student 类型的数组 students 来存储 10 名学生的数据。

（3）使用 1 个指向 Student 的指针 ptr 来遍历这个数组，方便输入和计算。

（4）通过遍历所有学生的成绩，计算 3 项考试的平均成绩，并找出平均成绩最高的学生。

（5）输出 3 项考试的平均成绩和最高分学生的详细信息。

2. 编写程序

```
# include < stdio. h >
struct Student
{



};

int main()
{
    struct Student students[10];
    struct Student * ptr = students;
    int i, j;
    float total[3] = {0}, maxAverage = 0;
    int maxIndex = 0;

    for (i = 0; i < 10; i++, ptr++)
    {
        printf("请输入第 % d 名学生的学号、姓名和 3 项考试的成绩: \n", i + 1);
        scanf("% d % s % d % d % d", &ptr -> id, ptr -> name, &ptr -> scores[0], &ptr -> scores
        [1], &ptr -> scores[2]);

        ptr -> average = (ptr -> scores[0] + ptr -> scores[1] + ptr -> scores[2]) / 3.0;

        for (j = 0; j < 3; j++)
        {
            total[j] += ptr -> scores[j];
        }
        if (ptr -> average > maxAverage)
        {
            maxAverage = ptr -> average;
            maxIndex = i;
        }
    }
    printf("3 项考试的平均成绩分别为: % .2f, % .2f, % .2f\n", total[0] / 10.0, total[1] /
    10.0, total[2] / 10.0);
    printf("最高分的学生信息: \n");
    printf("学号: % d, 姓名: % s, 成绩: % d % d % d, 平均分数: % .2f\n", students[maxIndex].
    id, students[maxIndex].name, students[maxIndex].scores[0], students[maxIndex].scores[1],
    students[maxIndex].scores[2], students[maxIndex].average);
    return 0;
}
```

程序运行结果:(用 4 名学生的成绩测试)

```
请输入第 1 名学生的学号、姓名和 3 项考试的成绩:
200401 liming 98 96 97
请输入第 2 名学生的学号、姓名和 3 项考试的成绩:
200402 zhangji 92 97 93
请输入第 3 名学生的学号、姓名和 3 项考试的成绩:
200403 wangli 98 91 94
请输入第 4 名学生的学号、姓名和 3 项考试的成绩:
200404 ligang 99 97 98
3 项考试的平均成绩分别为: 38.70, 38.10, 38.20
最高分的学生信息:
学号: 200404, 姓名: ligang, 成绩: 99 97 98, 平均分数: 98.00
```

任务测试

根据任务 1 所学内容,完成下列测试。

1. 假设有一个结构体 Student,包含 int id 和 char name[50]两个成员。如何声明一个 Student 类型的变量并初始化其 id 为 1,name 为"Alice"? (   )

    A. struct Student s={1, "Alice"};

    B. struct Student s. id=1; s. name="Alice";

    C. struct Student s; s. id=1; strcpy(name, "Alice");

    D. Student s={id: 1, name: "Alice"};

2. 结构体 Date 包含 int day、int month、int year。若 struct Date dates[12];已声明,如何访问并设置第一天的 year 为 2023? (   )

    A. dates[0]. year=2023;   B. dates[1]->year=2023;

    C. *dates[0]. year=2023;   D. dates. 0. year=2023;

3. 假设有以下结构体定义和数组初始化:

```
struct Person {
    char name[50];
    int age;
    float height;
};
struct Person people[] = { {"Alice", 30, 1.65}, {"Bob", 25, 1.80}, {"Charlie", 35, 1.75}};
```

现要访问 people 数组中第二个元素的 name 字段,并输出它,应该使用以下哪个代码段? (   )

    A. printf("%s\n", people[1]. name);

    B. printf("%s\n", *(people + 1). name);

    C. printf("%s\n", &people[1]. name);

    D. printf("%s\n", people[1]-> name);

4. 假设 Student 结构体如下定义,如何声明一个指向包含 5 个 Student 的数组的指针? (   )

    A. struct Student * students;

    B. struct Student (* students)[5];

    C. struct Student * students[5];

    D. struct Student students[5];

5. 假设有以下结构体定义和数组声明:

```
struct Student{
    int id;
    char name[50];
} students[20];
```

要声明一个指针 pStudents,使其指向 students 数组的第一个元素,应该使用以下哪个声明? (   )

    A. struct Student * pStudents = &students;

    B. struct Student * pStudents = students[0];

    C. struct Student * pStudents = &students[0];

    D. struct Student ** pStudents = &students;

任务 2　共用体类型的定义和使用

📖 任务描述

在 C 语言中,共用体(union)是一种特殊的数据类型,允许在相同的内存位置存储不同的数据类型,但每次只能使用其中一种类型。它主要用于节省内存,因为无论成员的数据类型大小如何,共用体的总大小等于其最大成员的大小。尽管可以定义多个不同类型的成员,但每次只能访问其中一个成员的值。

📜 任务准备

知识点 1:共用体变量的定义

使几个不同的变量共享同一段内存的结构,称为共用体类型的结构。

定义共用体变量的一般形式:

```
union 共用体名
{
    成员列表
}变量列表;
```

例如:

```
union Data {
    int i;
    float f;
    char str[20];
};
union Data a, b, c;
```

或

```
union {
    int i;
    float f;
    char str[20];
}a, b, c;
```

共用体允许在相同的内存位置存储不同的数据类型。与结构体不同,结构体中的每个成员都占用独立的内存空间,而共用体中的所有成员则共享同一块内存空间。这意味着在同一时间,共用体只能存储其成员中的一个值,具体是哪个成员的值取决于最后赋值给哪个成员。

共用体所占内存长度等于最长的成员的长度。

知识点 2:共用体变量的引用

定义了共用体变量后,不能直接引用共用体变量,只能引用共用体变量中的成员。

例如,知识点 1 的程序定义了 a、b、c 为共用体变量,下面的引用方式是正确的。

a.i(引用共用体变量中的整型变量 i)。

a.str(引用共用体变量中的字符型变量 str)。

a.f(引用共用体变量中的实型变量 f)。

不能只引用共用体变量,如下面的引用是错误的。

```
printf("%d", a);
```

因为 a 的存储区可以存放不同类型的数据,每种类型的数据有不同的长度,仅写共用体变量名 a,系统无法知道究竟应输出哪一个成员的值。应该写成:

```
printf("%d", a.i);
```

共用体类型数据的使用要注意以下几点。

(1) 不能对共用体变量进行整体赋值,只能单独引用某一个成员。

(2) 共用体的引用方式与结构体完全相同。

(3) 共用体变量不能作为函数的参数或函数值,但可以使用指向共用体的指针变量。

(4) 共用体可以作为结构体的成员,结构体也可作为共用体的成员。

想一想

以下程序段有何错误?

```
union Data
{
    int i;
    float f;
    char str[20];
}a = {20,3.14,"love China!"};
```

(1) 错误原因。

_____

_____

(2) 改正方法。

_____

_____

任务实施

实例:小张是某科技公司的程序员,正在开发航天科普知识竞赛系统,系统中的"每日答题"模块中需要处理不同类型的答案,根据用户输入选择不同类型的答案进行存储和打印。

```
#include <stdio.h>
#include <string.h>

union Answer
{
    int intAnswer;
    float floatAnswer;
    char strAnswer[100];
};
```

```
int main()
{
    union Answer answer;
    int choice;

    printf("请选择答案类型: \n");
    printf("1. 整数\n");
    printf("2. 浮点数\n");
    printf("3. 字符串\n");
    scanf("%d", &choice);

    switch(choice)
    {
        case 1:
            printf("请输入整数答案: ");
            scanf("%d", &answer.intAnswer);
            printf("整数答案为: %d\n", answer.intAnswer);
            break;
        case 2:
            printf("请输入浮点数答案: ");
            scanf("%f", &answer.floatAnswer);
            printf("浮点数答案为: %.2f\n", answer.floatAnswer);
            break;
        case 3:
            printf("请输入字符串答案(不超过 99 个字符): ");
            fgets(answer.strAnswer, 100, stdin);
            answer.strAnswer[strcspn(answer.strAnswer, "\n")] = 0;
            printf("字符串答案为: %s\n", answer.strAnswer);
            break;
        default:
            printf("无效的输入!\n");
    }

    return 0;
}
```

实例分析如下。

本程序仅演示如何在 C 语言中使用共用体来处理不同类型的答案。

由于共用体的成员共享同一块内存,因此在一个成员中存储值后,再访问另一个成员时,可能会得到意料之外的结果(特别是当存储和访问的数据类型大小不同时)。在这个实例中,由于每次只使用一种类型的答案,所以不会出现这个问题。但在实际应用中,需要特别注意这一点。

在这个实例中,使用了 fgets() 函数而不是 scanf() 函数来读取字符串,因为 fgets() 函数可以读取包含空格的字符串,并且能够避免输入缓冲区中的残留换行符问题。然而,fgets() 函数会将换行符也读入字符串中,所以通过 strcspn() 函数去除字符串末尾的换行符。

任务测试

根据任务 2 所学内容,完成下列测试。

1. 在 C 语言中,共用体主要用于(　　　)。

A. 存储具有相同类型的多个变量

B. 节省内存空间,允许在相同的内存位置存储不同的数据类型

  C. 实现函数的多态性

  D. 管理动态分配的内存

2. 下列关于共用体成员的访问,说法正确的是(　　　)。

  A. 共用体成员可以通过共用体名直接访问

  B. 共用体成员可以通过星(＊)操作符和共用体名直接访问

  C. 共用体成员必须通过共用体变量名加点(.)操作符来访问

  D. 共用体成员只能通过指针来访问

3. 共用体的大小通常等于其(　　　)。

  A. 所有成员大小的总和   B. 成员中占用空间最大的成员的大小

  C. 第一个成员的大小   D. 最后一个成员的大小

4. 下列(　　　)共用体定义是有效的。

  A. union {int i; float f;} u;   B. union u {int i; float f;};

  C. union u {int i; float f;}; u;   D. union {int i; float f;} u＝{1};

5. 以下不能用于初始化共用体变量的语句是(　　　)。

  A. union Data {int i; float f;} d＝{10};

  B. union Data {int i; float f;} d＝{.i＝10};

  C. union Data {int i; float f;} d; d.i＝10;

  D. union Data {int i; float f;} d＝{10,3.14};

任务 3　使用指针处理链表

任务描述

  链表作为动态数据结构的重要代表,其构建与管理离不开指针的精准操控。指针在链表中的作用,如同桥梁连接各个节点,使数据元素能够按需组织、灵活变动。

  链表的处理往往涉及多个函数和模块的协同工作。在编写链表相关代码时,需要学会与他人沟通、协作,共同解决遇到的问题。这种团结协作的精神,不仅是软件开发团队中的宝贵财富,更是社会生活中不可或缺的品质。通过链表的学习与实践,可以更好地理解团队协作的重要性,学会在集体中发挥自己的作用,共同推动项目的成功。

任务准备

知识点 1：建立简单的静态链表

  链表是一种常见的重要的数据结构,它是灵活地进行存储分配的一种结构。它将若干个同类型的结构体数据通过指针连接起来,如图 9-1 所示。

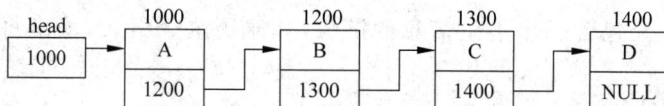

图 9-1　静态链表

  链表有一个头指针变量(head),它存放一个地址,该地址指向一个元素,链表中的每一个元素称为节点。

每个节点都应包括两个部分。

（1）用户需要的实际数据。

（2）下一个节点的地址。

head 指向第一个元素，第一个元素又指向第二个元素……直到最后一个元素，该元素不再指向其他元素，它称为"表尾"，它的地址部分放一个 NULL 表示空地址，链表到此结束。

链表中各元素在内存中的地址可以是不连续的。要找某一个元素，必须先找到上一个元素，根据它提供的下一个元素的地址才能找到下一个元素。如果不定义头指针，则整个链表都无法访问。

【示例 1】 建立一个简单链表，它由三个学生数据的节点组成，要求输出各节点的数据。

```c
#include <stdio.h>
struct Student
{
    int num;
    float mark;
    struct Student * next;
};
int main()
{
    struct Student i, j, k, * head, * p;
    i.num = 200401; i.mark = 98.5;
    j.num = 200402; j.mark = 96.5;
    k.num = 200403; k.mark = 99.5;

    head = &i;
    i.next = &j;
    j.next = &k;
    k.next = NULL;
    p = head;
    while(p != NULL)
    {
        printf("%d\t %.1f\n", p->num, p->mark);
        p = p->next;
    }
}
```

程序运行结果：

```
200401    98.5
200402    96.5
200403    99.5
```

程序分析：这段程序定义了一个简单的链表，其中每个节点是一个 Student 结构体，包含学生的学号（num）、分数（mark）以及一个指向下一个 Student 结构体的指针（next）。程序的主要目的是创建一个包含三个学生信息的链表，并遍历这个链表，输出每个学生的学号和分数。

（1）定义结构体。定义了一个 Student 结构体，包含三个成员：一个整型 num 用于存储学号，一个浮点型 mark 用于存储分数，以及一个指向 Student 结构体的指针 next，用于链接到链表的下一个节点。

（2）在 main() 函数中定义变量。程序定义了三个 Student 类型的变量 i、j、k，用于存储三个学生的信息。同时,还定义了两个指向 Student 的指针 head 和 p。head 用于指向链表的头节点,p 用于在遍历链表时作为当前节点的指针。

(3) 初始化学生信息。直接通过点操作符(.)给 i、j、k 三个结构体变量的成员赋值,分别代表三个学生的学号和分数。

(4) 构建链表。通过指针将这三个结构体变量链接起来形成一个链表。head 指向链表的头节点 i,i 的 next 指针指向 j,j 的 next 指针指向 k,而 k 的 next 指针被设置为 NULL,表示链表结束。

(5) 遍历链表并输出信息。初始化 p 为链表的头节点 head,然后进入一个循环,只要 p 不是 NULL(即没有到达链表的末尾),就输出当前节点的学号和分数,并将 p 更新为下一个节点的地址,直到遍历完整个链表。

知识点 2:建立动态链表

所谓建立动态链表,是指在程序执行过程中从无到有地建立起一个链表,即一个一个地开辟节点和输入各节点的数据,并建立起前后相连的关系。

对内存的动态分配是通过系统提供的库函数来实现的。

1) malloc()函数

函数原型:

```
void *malloc(unsigned int size);
```

作用:在内存的动态存储区中分配一个长度为 size 的连续存储空间。此函数的返回值是所分配区域的首地址。如果此函数未能成功执行,则返回空指针 NULL。

例如:

```
malloc(100);        //开辟 100 字节的临时区域,值为其第一字节的地址
```

malloc()函数带回的是不指向任何类型数据的指针(void * 类型),只提供一个地址。

如果 P 是指向 struct Student 类型数据的指针变量,必须进行强制类型转换,使指针的基类型改变为 struct Student 类型。例如:

```
p = (struct Student *)malloc(sizeof (struct Student) );
```

2) calloc()函数

函数原型:

```
void * calloc(unsigned n, unsigned size);
```

作用:在内存的动态存储区中分配 n 个长度为 size 的连续空间。

用 calloc()函数可以为一维数组开辟动态存储空间,n 为数组元素个数,每个元素长度为 size,这就是动态数组。此函数的返回值是所分配区域的起始位置的指针。如果此函数未能成功执行,则返回值为 NULL。

3) realloc()函数

函数原型:

```
void * realloc(void * p, unsigned int size);
```

作用：将 p 所指向的动态空间的大小改变为 size,p 的值不变。如果改变不成功,返回 NULL。

4) free(p)

释放由指针 p 所指向的内存区域。

【示例2】 建立一个动态链表,它由 3 个学生数据的节点组成,要求输入各节点的数据。

```c
#include <stdio.h>
#include <stdlib.h>

struct Student
{
    int num;
    float score;
    struct Student * next;
};

struct Student * create(void)
{
    struct Student * head = NULL, * p1 , * p2 = NULL;
    n = 0;
    p1 = (struct Student *)malloc(sizeof(struct Student));
    scanf("%d %f", &p1->num, &p1->score);

    head = p1;
    p2 = p1;

    for(int i = 0; i < 2; i++)
    {
        p1 = (struct Student *)malloc(sizeof(struct Student));
        scanf("%d %f", &p1->num, &p1->score);
        p2->next = p1;
        p2 = p1;
    }
    p2->next = NULL;
    return head;
}
```

知识点 3: 输出动态链表

输出一个动态链表通常涉及遍历链表的每个节点,并逐个访问这些节点中存储的数据。为了输出链表,通常从一个特定的起点开始(通常是链表的头节点),然后不断通过节点的指针访问下一个节点,直到到达链表的末尾(即一个指向 NULL 的指针)。在遍历过程中,可以访问并输出每个节点的数据部分,从而实现对整个链表的输出。

【示例3】 写一个函数,输出一个有多名学生数据的单向动态链表。

程序分析:示例 2 中已经定义了一个名为 Student 的结构体,用于存储学生的学号和成绩,以及一个指向下一个 Student 结构体的指针,用于创建链表。用 create()函数动态地创建一个链表,存储多名学生的信息。现要输出一个有多名学生数据的单向动态链表,可以编写一个名为 printList 的函数,用于遍历并输出单向链表中所有节点的数据。它接收一个指向链表头节点的指针 head 作为参数,并遍历整个链表,输出每个节点中存储的学生数据(姓名、成绩)。

(1)初始化:将 head 指针的值赋给 current 指针。这样,current 指针就指向了链表的头节点,准备开始遍历。

（2）遍历链表：使用一个 while 循环来遍历链表。循环的条件是 current ！＝ NULL，这意味着只要 current 指针不是 NULL（即还没有到达链表的末尾），循环就会继续执行。

在循环体内，首先使用 printf()函数输出当前节点的数据，使用%s 和%.2f 格式说明符来分别输出学生的姓名（字符串）和成绩。

然后，将 current 指针更新为 current->next。这会将 current 指针移动到链表中的下一个节点，为下一次迭代作准备。

（3）结束遍历：当 current 指针变为 NULL 时，循环条件不再满足，循环结束。此时，current 指针已经指向了链表的末尾（即不存在的一个节点之后），这标志着整个链表已经遍历完毕。

【示例 4】　程序示例。

```
void printList(struct Student * head)
{
    struct Student * current = head;
    while (current != NULL)
    {
        printf("Name: % s,Score: %.2f\n", current->data.name, current->data.score);
        current = current->next;
    }
}
```

任务实施

实例：小张是某科技公司的程序员，正在开发航天科普知识竞赛系统，系统中的"每日答题"模块，现要输入参加竞赛的名单中的成员。请运用结构体和指针知识编程。

程序分析：可以定义一个名为 Student 的结构体，用于存储学生的学号和成绩，以及一个指向下一个 Student 结构体的指针，用于创建链表。create()函数用于动态地创建一个链表，用户通过标准输入提供每个学生的学号和成绩，直到输入学号为 0 时停止。

以下是对 create()函数的详细解析。

（1）初始化。定义三个指针变量 head、p1 和 p2，分别用于指向链表的头节点、当前处理的节点和上一个节点。初始化时，head 和 p2 被设置为 NULL，p1 用来分配第一个节点的内存。

（2）分配第一个节点。

① 使用 malloc()函数为第一个节点分配内存，并检查分配是否成功。如果分配失败，则打印错误信息并退出程序。

② 读取用户输入的学号和成绩，并检查学号是否为 0。如果是，则释放内存并返回 NULL，表示链表为空。

（3）循环读取更多学生信息。

① 进入一个无限循环，用于读取更多的学生信息。

② 每次循环开始时，都尝试为新的节点分配内存，并检查分配是否成功。

③ 读取用户输入的学号和成绩。

如果输入的学号为 0，则释放当前节点的内存并跳出循环，结束链表的构建。

如果学号不为 0，则将新节点添加到链表中（通过 p2->next＝p1），并更新 p2 指向新节点。

（4）结束链表的构建。循环结束后，将最后一个节点的 next 指针设置为 NULL，确保链表正确结束。

返回链表的头指针 head。

程序源代码：

```c
#include <stdio.h>
#include <stdlib.h>

struct Student
{
    int num;
    float score;
    struct Student * next;
};

struct Student * create(void)
{
    struct Student * head = NULL, * p1, * p2 = NULL;
    n = 0;

    p1 = (struct Student * )malloc(sizeof(struct Student));
    if (p1 == NULL)
    {
        fprintf(stderr, "Memory allocation failed\n");
        exit(EXIT_FAILURE);
    }

    printf("学号(输入 0 结束):");
    scanf("%d", &p1->num);
    if (p1->num == 0)
    {
        free(p1);
        return NULL;
    }

    printf("成绩:");
    scanf("%f", &p1->score);

    head = p1;
    p2 = p1;

    while (1)
    {
        p1 = (struct Student * )malloc(sizeof(struct Student));
        if (p1 == NULL)
        {
            fprintf(stderr, "Memory allocation failed\n");
            exit(EXIT_FAILURE);
        }

        printf("学号:");
        scanf("%d", &p1->num);
        if (p1->num == 0)
        {
            free(p1);
            break;
        }
```

```
        printf("成绩:");
        scanf("%f", &p1->score);

        p2->next = p1;
        p2 = p1;
    }
    p2->next = NULL;

    return head;
}
```

想一想

为了使程序完整,请完善 main()函数。

```
int main()
{
    struct Student * _____ = create();
    if(head != NULL)
    {
        printList(head);                    //输出学生信息
    }
    else
    {
        printf("没有输入任何学生信息。\n");
    }
    return 0;
}
```

调试并写出输出结果。

任务测试

根据任务 3 所学内容,完成下列测试。

1. 在单向链表中,每个节点通常包含至少(   )。

   A. 一个数据字段和一个指向下一个节点的指针

   B. 两个数据字段和一个指向下一个节点的指针

   C. 一个数据字段和一个指向上一个节点的指针

   D. 一个数据字段和两个分别指向上一个和下一个节点的指针

2. 链表中的"尾节点"指的是(   )。

   A. 链表中存储最后一个元素的节点   B. 链表中 next 指针为 NULL 的节点

   C. 链表中第一个被访问的节点   D. 链表中值最大的节点

3. 给定一个非空单向链表的头指针 head,访问链表中第一个元素的值应该通过(   )。

   A. head->next   B. head->data

   C. *head. data   D. head->prev

4. 在单向链表中,如果 p 是指向某个节点的指针,那么访问该节点的下一个节点的指针是(   )。

   A. p->next   B. p. next   C. *p->next   D. p[1]

5. 以下（   ）操作会改变链表的长度。

    A. 读取链表中某个节点的值   B. 遍历链表

    C. 在链表末尾添加一个新节点   D. 复制链表的头指针到一个新变量

综 合 练 习

根据项目所学内容，完成下列练习。

一、单项选择题

1. 对于以下程序分析不正确的是（   ）。

```
struct m
{
    int a;
    float b;
    char c;
}d1;
```

    A. struct 是结构体类型的关键字   B. d1 是结构体类型名

    C. a、b、c 都是结构体成员   D. struct m 是结构体类型名

2. 以下程序的输出结果为（   ）。

```
main()
{
    struct s
    {int x;
    float f;
    }a[3];
    printf(" %d",sizeof(a));
}
```

    A. 8   B. 12   C. 24   D. 6

3. 以下对结构体类型变量 st 的定义中，错误的是（   ）。

    A. struct{char c;int a;}st;

    B. struct ss{char c;int a;}st;

    C. typedef struct{char c;int a;}TT; TT st;

    D. struct{char c;int a;}TT; struct TT st;

4. 以下程序的输出结果为（   ）。

```
#include<stdio.h>
#include<conio.h>
main()
{struct Person
    {char name[20];
        int age;};
    struct person pers[10]={"xiaoming",17,"wanghua",19,"zhang",18};
    printf(" %c",pers[1].name[0]);
}
```

    A. x   B. w   C. xiaoming   D. wanghua

5. 已知学生记录描述如下：

```
struct student
{
    char no[8],name[10],sex[3];
    struct
    {int day,month,year;}birth;
};
struct student s;
```

设变量 s 中的 birth 应是 2005 年 8 月 18 日，下列对 birth 的赋值方式中正确的是(　　　)。

A. day＝18;month＝8;year＝2005;

B. s. day＝18;s. month＝8;s. year＝2005;

C. s. birth. day＝18;s. birth. month＝8;s. birth. year＝2005;

D. birth. day＝18;birth. month＝8;birth. year＝2005;

6. 在 C 语言中，关于共用体的以下描述中，正确的是(　　　)。

A. 共用体允许在相同的内存位置存储多个不同类型的数据，但同一时刻只能存储其中一个类型的值

B. 共用体是一种特殊的数组，可以存储多个相同或不同类型的数据元素

C. 共用体是一种结构体，但所有成员共享相同的内存空间

D. 共用体允许在运行时动态地改变其成员的类型

7. 以下程序的输出结果为(　　　)。

```
# include < stdio. h >
union Data {
    int i;
    float f;
    char str[20];
};
int main() {
    union Data data;
    strcpy(data. str, "Hello");
    printf(" % s\n", data. str);
    return 0;
}
```

A. 编译错误，因为共用体不能直接使用 strcpy()函数进行字符串复制

B. 运行时错误，因为共用体的 str 成员可能未正确对齐或大小不足

C. 输出为空字符串

D. 输出为"Hello"

8. 在 C 语言中，以下关于共用体的描述中，正确的是(　　　)。

A. 共用体允许同时存储其所有成员的值，并且所有成员都可以同时被访问

B. 共用体在内存中占用的空间大小等于其所有成员占用的空间之和

C. 共用体是一种特殊的数据结构，它允许在相同的内存位置存储不同类型的数据，但一次只能使用其中一个成员的值

D. 共用体成员之间的内存布局是固定的，即第一个成员总是位于内存的最低地址处，并且后续成员依次紧随其后

9. 在 C 语言中,关于变量 var 的说法中,正确的是(　　)。

```
union MyUnion {
    int i;
    char c[5];
    double d;
};
union MyUnion var;
```

A. var 可以同时存储一个整型和一个 double 型的值

B. var 占用 4 字节的内存空间

C. 将一个 int 型的值赋给 var.i 后,可以通过 var.c 访问到相同的整数值

D. 如果 var.d 被赋予了一个 double 型的值,那么 var.i 和 var.c 的内容将是未定义的

10. 链表是一种常用的线性数据结构,它由一系列节点(node)组成。每个节点通常包含两部分:一部分用于存储数据(data),另一部分是指向链表中下一个节点的指针(或引用)。关于链表,以下描述正确的是(　　)。

A. 链表中的所有节点在内存中必须是连续的

B. 链表只能从头节点开始遍历到尾节点,不能从尾节点开始遍历

C. 链表中的每个节点都通过指针(或引用)相互连接,形成一个序列

D. 链表是一种只能存储相同类型数据的结构

二、填空题

1. _____属于构造类型,其各元素的数据类型既可相同,也可不相同。

2. 自定义类型变量的定义有三种方法:先定义类型后定义变量、类型和变量同时定义、_____。

3. 保留字_____用来产生新的类型标识符。

4. 引用结构体变量时,结构体变量名和域名之间加一个_____符号。

5. 结构体所占存储空间大小等于所有成员所占存储空间大小的总和,而共用体所占存储空间的大小取决于_____。

6. 共用体是一种特殊的复合数据类型,其所有成员共享_____内存区域。

7. 共用体类型的定义关键字是_____。

8. 共用体类型可以出现在_____类型定义中,也可以定义共用体数组。

9. 链表是一种常见的数据结构,它由一系列节点组成,每个节点包含数据和指向列表中下一个节点的_____。

10. 链表的尾节点通常将其指针域设置为_____,表示链表结束。

三、补全代码题

1. 下列程序的功能是定义并初始化 1 个学生结构体,打印学生信息,请根据题目提示填空。

```
#include<stdio.h>
typedef struct
{
    char name[50];
    int age;
    float score;
} Student;
```

```
int main()
{
    Student stu = {"Alice", 20, 92.5};
    printf("Name: % s, Age: % d, Score: % .2f\n",_____,_____,
    stu. score);
    return 0;
}
```

2. 有 3 个候选人,10 个选民,每个选民只能投票选 1 人。要求编 1 个统计选票的程序,先后输入候选人的名字,最后输出各人的得票结果,请根据题目填空。

```
_____
# include < stdio. h>
struct person
{
    char name[20];
    _____;
}leader[3] = {"li",0,"zhang",0,"sun",0};
main()
{
    int i,j;
    char leader_name[20];
    for(i = 1; _____ ;i++)
    {
        scanf(_____);
        for(j = 0;j < 3;j++)
        if(_____ (leader_name,leader[j].name) == 0)leader[j].count++;
    }
    printf("\nResult:\n");
    for(i = 0;i < 3;i++)
        printf(" % 5s: % d\n",leader[i].name,leader[i].count);
}
```

3. 下面程序的功能是用结构体类型存储学生成绩,并计算输出该生总成绩和平均成绩(平均成绩占 5 个宽度且保留一位小数),请填空。

```
# include < stdio. h>
typedef struct student
{
    _____;
    int politics,math;
    int total;
    float average;
}STUDENT;
_____;
main()
{
    printf("输入:学号 姓名 政治 数学: \n");
    scanf(" % 2s % 6s % d % d",s. no,s. name, _____,&s. math);
    s. total = s. politics + s. math;
    s. average = _____;
    printf("总分: % d\n平均分: _____",s. total,s. average);
}
```

4. 下面程序的功能是使用共用体存储不同数据类型的值，并打印输出。请按要求填空。

```c
#include <stdio.h>

typedef union
{
    int i;
    float f;
    char str[20];
} Data;

int main()
{
    Data data;
    _____ = 98;
    printf("Integer: %d\n", data.i);
    _____ = 3.14;
    printf("Float: %.2f\n", data.f);
    return 0;
}
```

5. 以下函数的功能是在链表的末尾插入一个新的节点。请完善程序。

```c
#include <stdio.h>
#include <stdlib.h>
typedef struct Node
{
    int data;
    struct Node * next;
} Node;
void insertAtEnd(Node * head, int newData)
{
    Node * newNode = (Node *)malloc(sizeof(Node));
    newNode->data = newData;
    newNode->next = NULL;
    if (*head == NULL)
    {
        *head = newNode;
    }
    else
    {
        Node * last = *head;
        while (last->next != NULL)
        {
            last = last->next;
        }
        last->next = _____;
    }
}
```

四、编程题

1. 现要对班级学生信息（姓名、学号和年龄）进行处理。请定义一个结构体来表示学生信息，并创建一个学生实例，输出其信息。

2. 现要对班级学生信息（姓名、学号）进行处理。请使用结构体数组来存储多个学生的信息，并输出第一个学生的信息。

3. 请定义一个结构体表示点坐标(x,y),并编写一个函数来计算两点之间的距离,然后在主函数中测试该函数。

4. 现要对班级学生信息(姓名、地址)进行处理。定义一个表示地址的结构体(包含街道、城市),并在另一个表示学生的结构体(包含姓名、地址)中嵌套这个地址结构体,然后初始化并输出学生信息及其地址。

5. 现要对图书进行登记管理。请定义一个结构体表示图书,并通过结构体指针来访问和输出图书信息(书名、出版年份)。

6. 有以下 5 个学生的信息(学号、姓名、成绩)。要求按照成绩从高到低的顺序输出各个学生的信息。

10101,zhang,78

10103,wang,98.5

10106,li,86

10108,ling,73.5

10110,sun,100

7. 定义一个结构体变量(包含年、月、日),输入一个日期,计算该日在本年中是第几天,注意闰年的问题。

8. 设计一个结构体变量,表示一个矩形的信息,包括矩形的宽度、高度和面积。要求在主函数中输入一个矩形的信息,计算并输出矩形的面积,其中宽度、高度是单精度型数值,面积是双精度型数值。

9. 有若干个人员的数据,其中有学生和教师。学生的数据中包括姓名、号码、性别、职业、班级。教师的数据中包括姓名、号码、性别、职业、职务。要求用同一个程序来处理。

10. 建立一个链表,每个节点包括学号、姓名、性别、年龄。输入一个年龄,如果链表中的节点所包含的年龄等于此年龄,则将此节点删去。

项目 10

文 件

文件是知识与信息的载体,是程序与现实世界交互的媒介。在计算机科学的浩瀚星空中,文件不仅是数据处理与存储技术的基石,更是连接技术与人文、责任与担当的桥梁。

随着数据量的爆炸性增长,如何高效地处理、存储和检索文件中的数据,已成为衡量一个程序或系统性能的重要指标。本项目的学习将从最基本的文件概念出发,理解文件在操作系统中的表示方式,以及不同类型文件(如文本文件、二进制文件)的特点与用途。随后,将深入学习 C 语言提供的文件操作函数,如 fopen()函数用于打开文件,fclose()函数用于关闭文件,fread()函数和 fwrite()函数用于读写数据,以及 fseek()函数和 ftell()函数用于文件的定位与查询等。这些函数构成了 C 语言文件操作的基础框架,从而编写出能够处理各种文件需求的程序。

在这一项目的学习中,不仅要掌握文件操作的技术细节,更要深刻理解其背后的社会价值与道德责任。让大家以更加饱满的热情和更加坚定的信念投入学习中,努力成为既有技术实力又有社会责任感的优秀程序员,为社会的进步与发展贡献自己的力量。

学习目标

◇ **知识目标**

(1) 理解文件的基本概念与重要性。

(2) 掌握 C 语言标准 I/O 库中的文件操作函数。

(3) 理解文件打开模式及其影响。

(4) 了解文件顺序访问与随机访问的方式。

(5) 掌握处理文件操作中的错误与异常的方法。

◇ **能力目标**

(1) 掌握文件打开与关闭的方法。

(2) 掌握文件顺序读/写操作。

(3) 能够通过文件定位实现文件的随机读/写操作。

(4) 理解并实践使用 feof()、ferror()等函数检测文件结束和错误状态的方法。

◇ **素养目标**

(1) 培养学生的数据安全意识,理解在处理文件时保护用户隐私和数据完整性的重要性。

(2) 培养学生的效率意识,理解文件操作对程序性能的影响,并学习优化文件读/写效率的方法。

(3) 培养学生的代码可读性意识,确保他们的文件操作代码易于被他人理解和维护。

(4) 在涉及文件操作的团队项目中,培养学生的团队合作精神和沟通能力。

项目描述

航天科普知识竞赛系统中的数据持久化

在掌握了 C 语言中的基本数据类型(字符型、整型、浮点型)及构造类型(数组)之后,我们意识到,对于复杂的实际应用场景,如航天科普知识竞赛系统,仅仅依靠这些数据类型和结构是远远不够的。特别是在需要持久化存储信息(如学号、姓名、性别、年龄、成绩、家庭住址等)时,必须探索更高级的数据处理与存储方式。

航天科普知识竞赛系统成员信息,作为一个复杂的数据集合,包含了多种不同类型的数据项,每项数据都从不同角度描述了一个成员的特征。例如,学号 20231302 是整型,姓名Li Ming 是字符数组型(或字符型),性别男可以是字符型或枚举型,年龄 16 岁是整型,成绩98.5 分是浮点型,而家庭住址则是更长的字符型。

若仅使用独立的变量来存储这些信息,不仅代码会变得杂乱无章,难以维护,而且无法直观表达这些信息之间的内在联系。更重要的是,一旦程序结束运行,所有存储在内存中的数据都将丢失,无法实现数据的持久化存储。

为了解决这个问题,引入了文件操作的概念,将学习如何将这个结构体实例(即一个成员的完整信息)写入文件中,实现数据的持久化存储。同时,也将学习如何从文件中读取这些数据,以便在程序需要时能够重新加载和使用它们。

【案例】　随着航天技术的飞速发展,航天科普知识越来越受到公众的关注和喜爱。为了激发公众对航天领域的兴趣,计划开发一个航天科普知识竞赛系统。该系统不仅包含丰富的航天知识题库,还需要能够记录参赛者的信息、题目信息以及竞赛结果的统计数据,以便进行后续的分析和展示。为了实现这些功能,需要利用文件来持久化存储和管理这些数据。

1. 目标分析

设计数据结构:定义合适的数据结构来存储参赛者信息(如姓名、年龄、联系方式)、题目信息(如题目编号、题目内容、选项、正确答案)以及竞赛结果(如得分、排名)。

文件写入:实现功能,将参赛者信息、题目信息以及每次竞赛的结果写入文件中。可以使用文本文件或二进制文件,具体取决于数据的复杂性和访问效率的需求。

文件读取:编写代码,从文件中读取参赛者信息、题目信息和竞赛结果,以便在竞赛过程中进行验证、评分和展示。

数据管理:提供功能来更新参赛者信息(如添加新参赛者、修改已有参赛者信息)、添加或修改题目信息,以及处理竞赛结果的存储和查询。

2. 主要步骤

(1) 需求分析:明确系统需要处理哪些数据,以及这些数据如何被存储、读取和管理。

(2) 数据结构设计:根据需求分析结果,设计合适的数据结构来存储参赛者信息、题目信息和竞赛结果。

(3) 文件操作实现:编写文件写入和读取的函数,实现数据的持久化存储和检索。

(4) 数据管理功能开发:实现添加、修改、删除参赛者信息和题目信息的功能,以及处理竞赛结果的存储和查询。

（5）文档编写：编写项目文档，包括用户手册、开发者指南等，以便用户和开发者能够理解和使用该系统。

任务 1　文 件 概 述

任务描述

凡是用过计算机的人都不会对文件（file）感到陌生，大多数人都接触或使用过文件。例如，用数码相机照相，每一张相片就是一个文件；随电子邮件发送的附件就是以文件形式保存的信息；写好一篇文章把它存放到磁盘上以文件形式保存；编写好一个程序，以文件形式保存在 U 盘中，需要时就从文件读取信息。

在程序中使用文件之前，先了解有关文件的基本知识。

任务准备

知识点：C 文件的有关知识

1. 什么是文件

文件一般是指存储在外部介质上数据的集合，一批数据是以文件的形式存储在外部介质（如磁盘）上的，操作系统是以文件为单位对数据进行管理的。如果想找存储在外部介质上的数据，必须先按文件名找到所指定的文件，再从该文件中读取数据。要向外部介质上存储数据必须先建立一个文件，才能向它输出数据。

输入/输出是数据传送的过程，数据如流水一样从一处流向另一处，因此常将输入/输出形象地称为流（stream），即数据流。

在 C 语言程序设计中，主要用到两种文件。

（1）程序文件。包括源代码文件（扩展名为 .c）、目标文件（扩展名为 .obj）、可执行文件（扩展名为 .exe）等。这种文件的内容是程序代码。

（2）数据文件。文件的内容不是程序，而是供程序运行时读写的数据，如在程序运行过程中输出到磁盘或其他外部设备的数据；或在程序运行过程中供读入的数据，如一批学生的成绩数据等。

2. 文件的存储方式

C 语言数据文件存储在磁盘上有两种形式：一种是按 ASCII 码存储，称为 ASCII 码文件；另一种是按二进制码存储，称为二进制文件。

ASCII 码文件 1 字节代表 1 个字符，便于字符的输入/输出处理，但占用空间较大；二进制文件占用较小的空间，但 1 字节并不对应 1 个字符。不管是 ASCII 码文件还是二进制文件，C 语言都将其视为一个数据流，对文件的存取都是以字节（字符）为单位，因此称这种文件为流式文件。它允许对文件存取单个字符，从而增加了处理的灵活性。

3. 文件类型指针

在 C 语言中，文件操作都是通过标准函数实现的。在使用文件操作函数时，必须定义一个文件指针变量,通过文件指针变量,找到与其相关的文件,实现对文件的访问。

定义文件指针变量的格式如下:

```
FILE * fp
```

其中,fp 是用户命名的文件指针变量名,它的类型是 FILE 型。

C 语言在标准输入/输出定义文件 stdio.h 中,已经用类型定义语句把流式文件的类型定义为 FILE。FILE 是一个保存文件有关信息(如文件名、文件状态及文件当前位置等)的结构体变量。

C 语言规定,使用一个文件就要定义一个文件指针变量,若使用 n 个文件,就要定义 n 个文件指针变量,使它们指向 n 个文件,它们在文件读写过程中,可以代表它们所指向的文件。

任务测试

根据任务 1 所学内容,完成下列测试。

1. 在 C 语言程序设计中,以下文件包含程序代码的是(　　)。
   A. 源代码文件(扩展名为.c)
   B. 数据文件
   C. 可执行文件(扩展名为.exe),但不包含程序代码
   D. 目标文件(扩展名为.obj),但仅用于链接过程

2. C 语言数据文件在磁盘上的存储方式不包括的种类是(　　)。
   A. ASCII 码存储
   B. 二进制码存储
   C. 十六进制码存储
   D. 流式文件(按字节存储,不论 ASCII 码或二进制数)

3. 在 C 语言中,进行文件操作时需要定义的一个指针变量的类型是(　　)。
   A. int *　　　　　　B. char *　　　　　　C. FILE *　　　　　　D. double *

4. 下列关于文件指针变量的说法中,错误的是(　　)。
   A. 文件指针变量用于找到与其相关的文件
   B. 文件指针变量的类型是 FILE 型
   C. 文件指针变量名可以是任意有效的标识符
   D. 一个文件指针变量可以同时指向多个文件

5. 关于 C 语言中的文件,以下描述正确的是(　　)。
   A. 文件只能以 ASCII 码形式存储在磁盘上
   B. 文件只能以二进制形式存储在磁盘上
   C. 无论是 ASCII 码文件还是二进制文件,C 语言都将其视为数据流进行处理
   D. ASCII 码文件比二进制文件占用空间小

任务 2　文件的操作函数

任务描述

在计算机编程中,文件操作是一项基础而强大的功能,它允许程序与存储在硬盘或其他存

储介质上的数据进行交互。C 语言提供了丰富的库函数来支持文件的打开、读取、写入、关闭等操作。掌握这些文件操作函数,对于开发能够持久化存储数据、读取配置文件或处理日志文件的程序至关重要。本任务将学习这些知识。

任务准备

知识点 1:文件的打开与关闭

对文件读/写之前应该打开该文件,在使用结束之后应关闭该文件。打开文件是为文件建立相应的信息区(用来存放有关文件的信息)和文件缓冲区(用来暂时存放输入/输出的数据)。在打开文件的同时,一般都指定一个指针变量指向该文件,建立起指针变量与文件之间的联系。关闭文件是指撤销文件信息区和文件缓冲区,使文件指针不再指向该文件。

1. 文件的打开

一般形式:

```
文件指针变量 = fopen(文件名,使用方式);
```

例如:

```
fp = fopen("lx1.txt", "r");
```

表示要打开名为 lx1.txt 的文件,文件的使用方式为读入(r 是 read 的首字母),常用文件的使用方式如表 10-1 所示。fopen()函数的返回值是指向 lx1.txt 文件的指针(lx1.txt 文件信息区的起始地址),将其赋给指针变量 fp,这样,fp 就指向了 lx1.txt 文件。

表 10-1　常用文件的使用方式

标识符	含　　义	若指定的文件不存在
"r"	打开一个已存在的文本文件,只读	出错
"w"	创建一个文本文件,只写	创建新文件
"a"	打开一个已存在的文本文件,追加	出错
"rb"	打开一个二进制文件,只读	出错
"wb"	创建一个二进制文件,只写	创建新文件
"ab"	打开一个二进制文件,追加	出错
"r+"	打开一个文本文件,读/写	出错
"w+"	创建一个文本文件,读/写	创建新文件
"a+"	打开一个文本文件,读/写	出错
"rb+"	打开一个二进制文件,读/写	出错
"wb+"	创建一个二进制文件,读/写	创建新文件
"ab+"	打开一个二进制文件,读/写	出错

【示例 1】　以只读方式打开一个名为 lx1.txt 的文件,若该文件不存在,返回一个提示信息:cannot open this file!。

```
# include < stdio.h >
# include < stdlib.h >
int main()
{
    FILE * fp;
```

```
    if((fp = fopen("lx1.txt", "r")) == NULL)
    {
        printf("cannot open this file!\n");
        exit(0);
    }
}
```

程序运行结果：

```
cannot open this file!
```

2. 文件的关闭

一般形式：

```
fclose(文件指针变量);
```

例如：

```
fclose(fp);
```

文件指针变量是在文件打开之前定义的。打开时，将它指向打开的文件，以便对文件进行读写操作。关闭文件，就是使文件指针变量不再指向该文件，同时将尚未写入磁盘的数据（存储在内存缓冲区中的数据）写入磁盘，从而保证写入文件的数据完整。

作为良好的习惯，应该在文件操作完毕及时进行关闭。C 语言流式文件在打开时建立一个内存文件缓冲区，读写数据是通过批处理方式对磁盘进行操作的。写数据时，写满缓冲区才向磁盘文件中写一次，因此若在缓冲区不满时结束操作，文件中的数据可能不全；但在文件关闭时，不管缓冲区是否已满，都要向磁盘文件中写一次，这样就能保证数据不丢失。

知识点 2：顺序读/写数据文件

建立和打开文件的目的是对其进行读/写操作。在顺序写时，先写入的数据存放在文件中前面的位置，后写入的数据存放在文件中后面的位置。在顺序读时，先读文件中前面的数据，后读文件中后面的数据。对顺序读/写来说，对文件读/写数据的顺序和数据在文件中的物理顺序是一致的。顺序读/写需要用库函数实现。

1. 字符的输入和输出

表 10-2 所示为读/写一个字符的函数。

表 10-2　读/写一个字符的函数

函数名	调用形式	功　　能	返　回　值
fgetc	fgetc(fp)	从 fp 指向的文件读取一个字符	若成功，返回所读的字符；失败则返回文件结束标志 EOF(值为−1)
fputc	fputc(ch, fp)	把字符 ch 写入文件指针变量 fp 所指向的文件中	若成功，返回输出的字符；失败则返回文件结束标志 EOF(值为−1)

【示例 2】　向名为 lx1.txt 的文件中写入字符 'H'。

```
# include < stdio.h >
# include < stdlib.h >
int main()
```

```
{
    char c = 'H';
    FILE * fp;
    if((fp = fopen("lx1.txt", "w")) == NULL)
    {
        printf("cannot open this file!\n");
        exit(0);
    }

    fputc(c, fp);
    fclose(fp);
}
```

程序运行结果：

请打开文件 lx1.txt,查看里面的内容

【示例 3】 向名为 lx1.txt 的文件中添加字符'o'、'w'和文件结束标志 EOF。

```
# include < stdio.h >
# include < stdlib.h >
int main()
{
    char c;
    FILE * fp;
    if((fp = fopen("lx1.txt", "r")) == NULL)
    {
        printf("cannot open this file!\n");
        exit(0);
    }

    while(c != EOF)
    {
        c = fgetc(fp);
        putchar(c);
    }
    fclose(fp);
}
```

程序运行结果：

How

【示例 4】 读出名为 lx1.txt 文件中的内容并显示。

```
# include < stdio.h >
# include < stdlib.h >
int main()
{
    char i = 'o', j = 'w';
    FILE * fp;
    if((fp = fopen("lx1.txt", "a")) == NULL)
    {
        printf("cannot open this file!\n");
        exit(0);
    }
```

```
        fputc(i, fp);
        fputc(j, fp);
        fclose(fp);
    }
```

程序运行结果：

请打开文件 lx1.txt,查看里面的内容

2. 字符串的输入和输出

C 语言允许通过函数 fgets()和 fputs()一次读/写一个字符串,表 10-3 所示为读/写一个字符串的函数。

表 10-3　读/写一个字符串的函数

函数名	调用形式	功　　能	返　回　值
fgets	fgets(str,n,fp)	从 fp 指向的文件读取一个长度为 $n-1$ 的字符串,存放到字符数组 str 中	若成功,返回地址 str；失败则返回 NULL
fputs	fputs(str,fp)	把 str 所指向的字符串写到文件指针变量 fp 所指向的文件中	若成功,返回 0；失败则返回非 0 值

例如：

```
fgets(str,n,fp);
```

其作用是从 fp 所指向的文件中读入一个长度为 $n-1$ 的字符串,并在最后加一个'\0'字符,然后把这 n 个字符放到字符数组 str 中。

```
fputs(str, fp);
```

其作用是把 str 所指向的字符串写到文件指针变量 fp 所指向的文件中。

【示例 5】　将字符串"I love China!"写入文件 lx2. txt 中。

```
# include < stdio. h >
# include < stdlib. h >
int main()
{
    char * c = "I love China!";
    FILE * fp;
    if((fp = fopen("lx2.txt", "w")) == NULL)
    {
        printf("cannot open this file!\n");
        exit(0);
    }

    fputs(c, fp);
    fclose(fp);
}
```

程序运行结果：

请打开文件 lx2.txt,查看里面的内容

【示例6】 读出 lx2.txt 文件中的字符并显示到屏幕上。

```c
# include < stdio.h >
# include < stdlib.h >
int main()
{
    char * c = "I love China!";
    FILE * fp;
    if((fp = fopen("lx2.txt", "w")) == NULL)
    {
        printf("cannot open this file!\n");
        exit(0);
    }

    fgets(c, 13, fp);
    puts(c);
    fclose(fp);
}
```

程序运行结果:

I love China!

【示例7】 将字符串"BeiJing"、"ShangHai"、"TianJin"写入文件 lx3.txt 中。

```c
# include < stdio.h >
# include < stdlib.h >
int main()
{
    char * c[] = { "BeiJing","ShangHai","TianJin"};
    FILE * fp;
    if((fp = fopen("lx3.txt", "w")) == NULL)
    {
        printf("cannot open this file!\n");
        exit(0);
    }

    for(int i = 0; i < 3; i++)
    {
        fputs(c[i], fp);
    }
    fclose(fp);
}
```

程序运行结果:

请打开文件 lx3.txt,查看里面的内容

3. 按格式输入和输出

用 scanf()函数和 printf()函数可以向终端进行格式化输入/输出,即用各种不同的格式以终端为对象输入/输出数据。其实也可以对文件进行格式化输入/输出,这时就要用 fscanf()函数和 fprintf()函数,从函数名可以看出,它们只是在 scanf 和 printf 的前面加了一个字母 f。它

们的作用与 scanf()函数和 printf()函数相仿,都是格式化读写函数。

fscanf()函数和 fprintf()函数的读写对象不是终端而是文件。它们的一般调用方式如下:

```
fscanf(文件指针变量, 格式字符串, 输入列表);
fprintf(文件指针变量, 格式字符串, 输出列表);
```

【示例 8】　将字符串"BeiJing"和整数 2024、浮点数 3.14 写入文件 lx4.txt 中。

```
# include < stdio. h>
# include < stdlib. h>
int main()
{
    FILE * fp;
    if((fp = fopen("lx4.txt", "wb")) == NULL)
    {
        printf("cannot open this file!\n");
        exit(0);
    }

    fprintf(fp, "BeiJing %d %f", 2024, 3.14);
    fclose(fp);
}
```

程序运行结果:

请打开文件 lx4.txt,查看里面的内容

【示例 9】　从文件 lx4.txt 中读出数据,然后在屏幕上显示输出。

```
# include < stdio. h>
# include < stdlib. h>
int main()
{
    FILE * fp;
    char c[100];
    int i;
    float j;
    if((fp = fopen("lx4.txt", "rb")) == NULL)
    {
        printf("cannot open this file!\n");
        exit(0);
    }

    fscanf(fp, "%s", c);
    fscanf(fp, "%d%f", &i, &j);
    printf("%s %d %f\n", c, i, j);


    fclose(fp);
}
```

程序运行结果:

BeiJing 2024 3.140000

知识点 3：随机读/写数据文件

1. 文件位置标记的定位

为了对读/写进行控制，系统为每个文件设置了一个文件读/写标记，用来指示接下来要读/写的下一个字符的位置。打开一个文件时，文件的位置标记指向文件开头，随着文件读写的不断进行，文件的位置标记也作相应变化，用户可以使用文件的定位函数将文件的位置标记指向指定位置，表 10-4 所示为常用文件定位函数和文件尾标志函数。

表 10-4　常用文件定位函数和文件尾标志函数

函数名	格　　式	功　　能
rewind	rewind(文件类型指针)	将文件位置标记指向文件头
fseek	fseek(文件类型指针,位移量,起始点)	将文件位置标记移到距离起始点为"位移量"处 起始点可用下列名字或数字表示： 文件开始位置：SEEK_SET 或 0 文件当前位置：SEEK_CUR 或 1 文件末尾位置：SEEK_END 或 2
ftell	ftell(文件类型指针)	返回文件中文件位置标记的当前位置
feof	feof(文件类型指针)	位置标记指向文件末尾,则返回真,否则返回假

2. 用二进制方式向文件读/写一组数据

若文件指定以二进制形式打开，则用 fread() 函数和 fwrite() 函数可以读/写任何类型的信息。在向磁盘读/写数据时，直接将内存中的一组数据原封不动、不加转换地复制到磁盘文件上，在读入时将磁盘文件中若干字节的内容一同读入内存。

它们的一般调用方式如下：

```
fread(起始地址,字节数,个数,文件指针);
fwrite(起始地址,字节数,个数,文件指针);
```

【示例 10】 将 5 名学生的学号、姓名、成绩写入 lx10. dat 文件中。

```c
# include < stdio. h >
# include < stdlib. h >
int main()
{
    int i, num;
    char name[10];
    float score;
    FILE * fp;
    if((fp = fopen("lx10. dat", "wb")) == 0)
    {
        printf("Cannot open the file!");
        exit(0);
    }

    for(i = 0; i < 5; i++)
    {
        printf("num = ");
        scanf("% d", &num);
        printf("name = ");
        scanf("% s", name);
        printf("score = ");
```

```
        scanf("%f", &score);

        fwrite(&num, 4, 1, fp);
        fwrite(name, 10, 1, fp);
        fwrite(&score, sizeof(float), 1, fp);
    }
    fclose(fp);
}
```

程序运行结果：（请上机验证并查看生成的文件）

【示例 11】 将 lx10. dat 文件中的内容显示输出。

```
# include < stdio. h>
# include < stdlib. h>
int main()
{
    int i, num;
    char name[10];
    float score;
    FILE * fp;
    if((fp = fopen("lx10. dat", "rb")) == 0)
    {
        printf("Cannot open the file!");
        exit(0);
    }
    for(i = 0; i < 5; i++)
    {
        fseek(fp, i * 18, SEEK_SET);
        fread(&num, 4, 1, fp);
        printf("num:% -10d", num);
        fread(name, 10, 1, fp);
        printf("name:% -10s", name);
        fread(&score, 8, 1, fp);
        printf("score:% -20.2f\n", score);
    }
    fclose(fp);
}
```

程序运行结果：（请同学们自己上机验证）

知识点 4：文件读/写的出错检测

C 语言提供了一些函数用来检查输入/输出函数调用时可能出现的错误。

1. ferror()函数

一般形式：

```
ferror(fp);
```

在调用各种输入/输出函数（如 fread()、fwrite()、fscanf()、fprintf()等）时，如果出现错误，除了函数返回值有所反映外，还可以用 ferror()函数进行检测。

如果 ferror()函数返回一个非零值，表示出错；如果返回值为 0(假)，表示未出错。

对同一个文件每次调用输入/输出函数，都会产生一个新的 ferror()函数值。因此，应当在调用一个输入/输出函数后立即检查 ferror()函数的值，否则信息会丢失。在执行 fopen()函数时，ferror()函数的初始值自动置为 0。

2. clearerr()函数

一般形式：

```
clearerr(fp);
```

clearerr()函数的作用是使文件错误标志和文件结束标志置为 0。假设在调用一个输入/输出函数时出现错误，ferror()函数值为一个非零值。应该立即调用 clearerr(fp)，使 ferror(fp)的值变成 0，以便再进行下一次的检测。

只要出现文件读写错误标志，它就一直保留，直到对同一文件调用 clearerr()函数或 rewind()函数，或任何其他一个输入/输出函数。

虽然 clearerr()函数可以清除错误和文件结束标志，但它不会重置文件位置标记到文件的开头或其他位置。如果需要在清除这些标志后从头开始读取文件，需要使用 rewind()函数或其他文件定位函数（如 fseek()）来重置文件位置标记。

【示例 12】 ferror()、clearerr()函数用法。

```c
#include <stdio.h>
#include <stdlib.h>
int main() {
    FILE *fp;
    char buffer[10];
    fp = fopen("file.txt", "r");
    if (fp == NULL)
    {
        printf("Error opening file");
        exit(0);
    }

    if (fread(buffer, sizeof(char), sizeof(buffer), fp) == 0)
    {
        if (ferror(fp))
        {
            printf("ferror returned non-zero.\n");
            clearerr(fp);
            if (!ferror(fp))
            {
                printf("ferror now returns zero.\n");
            }
        }

    }
    fclose(fp);
    return 0;
}
```

程序运行结果：（请同学们自己上机验证）

任务测试

根据任务 2 所学内容，完成下列测试。

1. 在 C 语言中，打开一个文件用于读取操作应使用的函数是（　　）。

A. fopen("filename", "w")　　　　　B. fopen("filename", "r")

C. fclose("filename")　　　　　D. fread("filename")

2. 下列( )函数用于关闭一个已打开的文件。

    A. fopen()   B. fread()   C. fwrite()   D. fclose()

3. 在 C 语言中,以下( )函数用于从文件中读取数据。

    A. fopen()   B. fclose()   C. fread()   D. fseek()

4. 若要从文件的当前位置向后移动 n 字节进行读写,应使用的函数是( )。

    A. fopen()   B. fclose()   C. fread()   D. fseek()

5. 在 C 语言中,若要从一个二进制文件中安全地读取数据并将其存储到一个结构体数组中,以下( )函数组合是最推荐的。

    A. fopen("filename", "r") 和 fread()   B. fopen("filename", "rb") 和 fread()

    C. fopen("filename", "w") 和 fwrite()   D. fopen("filename", "a") 和 fseek()

综 合 练 习

根据项目所学内容,完成下列练习。

一、单项选择题

1. 以下叙述中正确的是( )。

    A. 文件指针是一种特殊的指针类型变量

    B. 文件指针的值等于文件当前读/写位置,以字节为单位

    C. 调用 fscanf() 函数只能向文本文件中写入任意字符

    D. 文件指针的值等于文件在计算机硬盘中的存储位置

2. C 语言可以处理的文件类型是( )。

    A. 文本文件和数据文件   B. 数据文件和二进制文件

    C. 文本文件和二进制文件   D. 数据代码文件

3. 若 fp 是指某文件的指针,且已读到义件的末尾,则表达式 feof(fp) 的返回值是( )。

    A. EOF   B. 非零值   C. -1   D. NULL

4. C 语言库函数 fgets(str,n,fp) 的功能是( )。

    A. 从文件 fp 中读取长度为 n 的字符串存入 str 指向的内存

    B. 从文件 fp 中读取长度不超过 n-1 的字符串存入 str 指向的内存

    C. 从文件 fp 中读取 n 个字符串存入 str 指向的内存

    D. 从 str 中读取至多 n 个字符到文件 fp 中

5. 函数 rewind() 的作用是( )。

    A. 使位置指针重新返回到文件的开头

    B. 将位置指针指向文件中所要求的特定位置

    C. 使位置指针指向文件的末尾

    D. 使位置指针自动移至下一个字符位置

6. 以下关于 C 语言文件系统的叙述中正确的是( )。

    A. fprintf() 函数与 fwrite() 函数功能相同

    B. 文件以 r 方式打开后,可以存储文本类型的数据

    C. fscanf() 函数与 fread() 函数功能相同

    D. 以 w 或 wb 方式打开的文件,不可以从中读取数据

7. 有以下文件打开语句：fp＝fopen("family. dat", _____)；

要求文本文件 family. dat 可以进行信息查找和信息的补充录入,若文件不存在还可以建立同名新文件,则下画线处应填入的是(   )。

A. "a＋"   B. "w"   C. "w＋"   D. "wb"

8. 设文件指针 fp 已定义,执行语句：fp＝fopen("file","w")；后,以下针对文本文件 file 操作叙述的选项中正确的是(   )。

A. 只能写不能读   B. 写操作结束后可以从头开始读

C. 可以在原有内容后追加写   D. 可以随意读和写

9. 若有以下程序段：

```
FILE * fp;
if((fp = fopen("filetest.txt","w")) == NULL)
{
    printf("不能打开文件!");
    exit(0);
}
else
    printf("成功打开文件!");
```

若指定文件 filetest. txt 不存在,且无其他异常,则以下叙述错误的是(   )。

A. 系统将按指定文件名新建文件   B. 输出"成功打开文件!"

C. 输出"不能打开文件!"   D. 系统将为写操作建立文本文件

10. 有以下程序：

```
# include < stdio. h >
int main()
{
    FILE * fp;
    int a[10] = {7,8,9}, i, n ;
    fp = fopen("d1.dat", "w");
    for(i = 0;i < 3;i++)
        fprintf(fp," % d", a[i]);
    fprintf(fp, "\n");
    fclose(fp);
    fp = fopen("d1.dat", "r");
    fscanf(fp, " % d", &n);
    fclose(fp);
    printf(" % d\n",n) ;
}
```

程序的运行结果是(   )。

A. 987   B. 78900   C. 7   D. 789

二、填空题

1. 在 C 语言中,打开文件通常使用 fopen()函数,如果文件打开成功,该函数返回一个指向 FILE 类型的_____。

2. 使用 fopen()函数以只读方式打开文件时,应使用的模式字符串是_____。

3. 调用 fclose()函数可以关闭一个打开的文件,并释放与文件相关的资源。fclose()函数的返回值类型是_____。

4. 当以追加方式打开文件时,如果文件不存在,则创建新文件;如果文件已存在,则写入的数据会被添加到_____。

5. 使用 fprintf()函数向文件写入格式化数据时,第一个参数是_____的指针。

6. 读取文件中的数据时,fscanf()函数与 scanf()函数类似,但 fscanf()函数的第一个参数指定了_____。

7. 在 C 语言中,判断文件是否到达文件末尾的宏是_____。

8. 使用 fgets()函数从文件中读取字符串时,该函数会在遇到换行符、文件结束符或已读取了指定的字符数(不包括终止的空字符)时停止读取,并在字符串末尾自动添加一个_____。

9. 文件的随机访问通常通过_____函数实现,该函数允许将文件的位置指针移动到文件的任意位置。

10. 当使用 rewind()函数时,它会将文件的位置指针重置到文件的_____,这通常用于重新读取文件内容。

三、补全代码题

1. 补全代码以打开文件。

```
#include <stdio.h>
int main()
{
    FILE *fp;
    fp = fopen("example.txt", "_____");        //补全为以只读方式打开
    if (fp == NULL)
    {
        perror("Error opening file");
        return -1;
    }
    fclose(fp);
    return 0;
}
```

2. 补全代码以将字符串写入文件。

```
#include <stdio.h>
int main()
{
    FILE *fp;
    fp = fopen("output.txt", "w");
    if (fp == NULL)
    {
        perror("Error opening file");
        return -1;
    }
    fprintf(fp, "Hello, World!\n");
    _____;
    return 0;
}
```

3. 补全代码以读取文件内容并输出。

```
#include <stdio.h>
int main()
{
```

```
    FILE * fp;
    char buffer[100];
    fp = fopen("input.txt", "r");
    if (fp == NULL)
    {
        printf("Error opening file");
        return -1;
    }
    while (fgets(_____, 100, fp) != NULL)
    {
        printf("%s", buffer);
    }
    fclose(fp);
    return 0;
}
```

4. 补全代码以检查文件是否到达末尾。

```
#include <stdio.h>
int main()
{
    FILE * fp;
    int c;
    fp = fopen("example.txt", "r");
    if (fp == NULL)
    {
        perror("Error opening file");
        return -1;
    }
    while ((c = fgetc(fp)) != EOF)
    {
        putchar(c);
    }
    if (_____)
    {
        printf("\nReached end of file.\n");
    }
    fclose(fp);
    return 0;
}
```

5. 将整数 num 写入文件。

```
int num = 30;
fprintf(fp, "%d\n", _____);
```

6. 读取并输出文件中的每个字符。

```
int c;
while ((c = fgetc(fp)) != _____) {
    putchar(c);
}
```

7. 使用 rewind()函数重置文件位置指针。

```
FILE * fp;
rewind(_____);
```

8. 检查文件是否成功打开。

```
FILE * fp;
int c;
fp = fopen("example.txt", "r");
if (fp == _____)
{
    printf("Error opening file");
    return - 1;
}
```

9. 使用 ftell()函数获取当前文件位置。

```
FILE * fp;
int c;
fp = fopen("example.txt", "r");
long pos = ftell(_____);
printf("Current file position: % ld\n", pos);
```

10. 追加内容到文件末尾。

```
FILE * fp;
int c;
fp = fopen("log.txt", "_____");
```

四、编程题

1. 编写一个程序,要求用户输入一段文本,然后将这段文本写入一个名为 output.txt 的文件中。如果文件写入成功,输出"文件写入成功"的消息;如果失败,则输出"文件写入失败"的消息。

2. 编写一个程序,读取 output.txt 文件中的内容,并将其显示在控制台上。如果文件读取成功,输出文件内容;如果失败,则输出"文件读取失败"的消息。

3. 编写一个程序,要求用户输入一段文本,然后将这段文本追加到 output.txt 文件的末尾。如果文件追加成功,输出"文件追加成功"的消息;如果失败,则输出"文件追加失败"的消息。

4. 编写一个程序,将 input.txt 文件的内容复制到 copy.txt 文件中。如果文件复制成功,输出"文件复制成功"的消息;如果失败,则输出"文件复制失败"的消息。

5. 编写一个程序,从文件 blessings.txt 中读取建党 70 周年的祝福语,并逐行输出到控制台上。

6. 编写一个程序,要求用户输入建党 70 周年的学习心得,并将心得保存到文件 learning_experience.txt 中。

7. 编写一个程序,读取文件 article_70th.txt 中的建党 70 周年文章,并统计文章的总字数。

8. 编写一个程序,从文件 anniversary_info.txt 中读取建党 70 周年的纪念日信息(如日期、主题等),并输出到控制台上。

9. 编写一个程序,从文件 article_70th.txt 中读取建党 70 周年的文章,并统计关键词(如建党、辉煌)出现的次数。

10. 编写一个简化版的问答程序,从文件 questions_70th.txt 中读取问题(每行一个问题),并提示用户输入答案,验证答案的正确性。

项目 11

综合知识应用

在项目 4 至项目 10 中学习到选择结构、循环结构、数组、函数、指针、结构体和共用体、文件等相关知识，为了将这些知识内化和掌握，本项目依据最新的山东省春季高考统一考试网络技术专业和软件应用技术专业知识与技能考试标准，编写理论综合试题和技能综合试题，检测学生对 C 语言知识点的掌握情况，使学生对知识体系有全面立体的了解和掌握，并加以实践。

学习目标

◇ **知识目标**

(1) 掌握基本数据类型、顺序结构、选择结构、循环结构基础知识。

(2) 掌握数组、函数、结构体、指针基础知识。

◇ **能力目标**

(1) 能够使用顺序结构、选择结构、循环结构进行程序设计。

(2) 能够使用数组、函数、结构体、指针进行程序设计。

(3) 通过理论和技能试题，提高做题技巧。

◇ **素养目标**

(1) 培养学生独立思考、分析问题和解决问题的能力。

(2) 践行职业精神，培养良好的职业品格和行为习惯。

(3) 塑造学生严谨认真的工匠品质。

项目描述

综合知识应用

在前面的学习中，学生已经逐步掌握了 C 语言的基础语法和核心概念，包括选择结构、循环结构、数组、函数、指针、结构体和共用体、文件操作等。然而不通过练习无法将所学知识内化为解决实际问题的能力，本项目旨在通过理论和技能综合试题，全面检测并巩固学生的 C 语言知识体系。

任务 1   理论综合试题

模拟试题 1    模拟试题 2    模拟试题 3    模拟试题 4

模拟试题 5

模拟试题 6

模拟试题 7

模拟试题 8

模拟试题 9

模拟试题 10

任务 2　技能综合试题

模拟试题 1

模拟试题 2

模拟试题 3

模拟试题 4

模拟试题 5

模拟试题 6

模拟试题 7

模拟试题 8

模拟试题 9

模拟试题 10

項目 **12**

综合实践应用

在项目4至项目10中学习到选择结构、循环结构、数组、函数、指针、结构体和共用体、文件等相关知识,本项目将学习如何将这些知识进行综合实践应用。本项目通过学生成绩管理系统、图书管理系统的设计和开发,让学生掌握C语言信息管理系统开发方法,提升学生的问题解决能力、团队协作与沟通能力,使学生获得实际项目开发经验,为未来就业与学术研究打下坚实基础。

学习目标

◇ **知识目标**

(1) 掌握C语言信息管理系统开发方法。

(2) 掌握命令行菜单的使用。

(3) 掌握数据添加、修改、查询、排序和删除。

(4) 掌握文件存储和读取。

◇ **能力目标**

(1) 能够根据实际项目需求进行项目功能设计和数据库设计。

(2) 能够使用C语言知识编写程序,实现系统的各项功能。

(3) 能够对系统程序进行测试和调试,并修复系统缺陷等。

◇ **素养目标**

(1) 培养学生团队协作、探索创新的能力。

(2) 践行职业精神,培养良好的职业品格和行为习惯。

(3) 塑造学生严谨认真的工匠品质。

项目描述

设计信息管理系统

信息管理系统通过自动化和优化业务流程,显著提高管理效率。学生成绩管理系统、图书管理系统是常见的信息管理工具,将自动化和优化相关业务流程,减少人工错误,提高管理效率,用于对学生的基本信息、成绩、图书信息等进行有效管理。同时为学生、教师及图书管理员提供更加便捷、高效的服务。为学校提供高效、便捷的管理工具,助力学校提升管理水平与教学质量。

【案例】 学生成绩管理系统是一种常见的信息管理工具,用于对学生的基本信息、成绩等进行有效管理。本案例设计和实现了一个简单的学生管理系统,使用链表存储学生信息,通过C语言编写各种功能模块。

1. 需求分析

学生成绩管理系统的主要功能应如何设计？

_____

_____

_____

_____

_____

2. 问题思考

如果本系统使用链表存储学生信息，如何设计结构体？

_____

_____

_____

_____

任务 1　学生成绩管理系统开发

任务 2　图书管理系统开发

附　　录

附录 1　标准 ASCII 表

附录 2　C 语言中的关键字

附录 3　运算符的优先级和结合性

附录 4　C 语言常用库函数表